no starch press

计算机图形学入门
3D渲染指南

COMPUTER GRAPHICS FROM SCRATCH
A PROGRAMMER'S INTRODUCTION TO 3D RENDERING

[瑞士] 加布里埃尔·甘贝塔（Gabriel Gambetta）◎ 著　　贾凡 ◎ 译

U0390439

人民邮电出版社
北　京

图书在版编目（C I P）数据

计算机图形学入门：3D渲染指南 ／（瑞士）加布里埃尔·甘贝塔著；贾凡译. -- 北京：人民邮电出版社，2022.5
ISBN 978-7-115-58391-8

I . ①计… II . ①加… ②贾… III . ①计算机图形学—指南 IV . ①TP391.411-62

中国版本图书馆CIP数据核字(2021)第269149号

- ◆ 著 ［瑞士］加布里埃尔·甘贝塔（Gabriel Gambetta）
  译 贾 凡
  责任编辑 郭 媛
  责任印制 王 郁 焦志炜
- 人民邮电出版社出版发行 北京市丰台区成寿寺路 11 号
  邮编 100164 电子邮件 315@ptpress.com.cn
  网址 https://www.ptpress.com.cn
  廊坊市印艺阁数字科技有限公司印刷
- ◆ 开本：720×960 1/16
  印张：14.25 2022 年 5 月第 1 版
  字数：192 千字 2025 年 2 月河北第 12 次印刷
  著作权合同登记号 图字：01-2021-3943 号

定价：89.90 元
读者服务热线：**(010)81055410** 印装质量热线：**(010)81055316**
反盗版热线：**(010)81055315**

内容提要

如今,计算机图形学无处不在,它为视频、游戏等增添了令人瞩目的细节,为大型电影、动画等增添了逼真的特效。本书围绕计算机图形学这一主题展开,是作者讲授计算机图形学课程多年经验的结晶。

本书着重介绍光线追踪渲染器和光栅化渲染器这两大主流渲染器的基本实现过程,以渲染器的需求背景和实现原理作为出发点,辅以必要的简单数学推导过程,从光到阴影与反射,从直线到着色与纹理,逐渐引导出实现渲染器的伪代码,力求使没有丰富编程经验和深厚数学功底的读者也能够完全读懂。

本书是计算机图形学入门的学习教材,特别适合渴望进入计算机图形学世界的"零基础"读者阅读,也适合对计算机图形学开发感兴趣的爱好者以及相关从业人员使用。

译者序

无意间,我在亚马逊英文官网浏览计算机图形学书籍时看到了本书英文原版,查看内容时,不禁感慨,如果当年我从程序员转行做技术美术(technical artist, TA)的时候,有这样一本计算机图形学入门的教材,将会是多么幸福的一件事情。回想当年学习计算机图形学的时候,迎面而来的各种复杂数学推导过程,逼着我重新拿起了大学的数学课本,除此之外还要面对各种复杂的算法,相信很多从业人员在学习计算机图形学的过程中都会面临这些挑战。本书的作者有着多年计算机图形学教学经验,他将复杂的数学推导和算法实现以浅显易懂的方式讲述给读者。本书是一本绝佳的入门教材。

计算机图形学是一个飞速发展的领域,从前沿的学术研究到具体的行业应用(比如游戏开发、影视特效制作),都对相关人员提出了更大的挑战,相关从业人员只有不断地学习和提高,才能迎接这一挑战。

在这里要感谢我的父母、我的妻子和可爱调皮的儿子,没有你们的付出和欢声笑语,没有你们的包容和理解,本书的翻译工作也不会如此顺利。

感谢人民邮电出版社的老师们,感谢郭媛编辑在本书翻译过程中耐心、细致的指导,没有你们高效、负责的工作,本书无法顺利出版。

感谢网易大话事业部EVE手游开发团队的所有美术同事,感谢大家营造的和谐愉快的工作环境,没有这样的工作环境,本书的翻译工作不会如此顺利。

　　谨以此书献给所有热爱计算机图形学的每一位读者,祝大家在技术探索道路上,学习愉快!

贾凡

2021年10月7日

前言

计算机图形学是一个引人入胜的主题。我们是如何将一些算法和几何数据转变成《星球大战》(*Star Wars*)和《复仇者联盟》(*the Avengers*)等电影的特效,《玩具总动员》(*Toy Story*)和《冰雪奇缘》(*Frozen*)等动画电影的特效,或者《堡垒之夜》(*Fortnite*)和《使命召唤》(*Call of Duty*)等流行电子游戏的图像的呢?

计算机图形学也是一个非常广泛的主题:从渲染三维(3-dimension,3D)场景到创建图像滤波器,从数字排版到模拟粒子系统,有许多学科可以视为计算机图形学的一部分。一本书不可能涵盖所有主题,涵盖所有主题应该需要一个图书馆。本书专注于渲染3D场景这一主题。

本书是我为大家提供的浅显易懂地学习计算机图形学的一次尝试。本书的写作目标是让读者(甚至是高中生)能够轻松理解,同时对专业工程师依然保持足够的严谨性。本书涵盖了与完整大学课程相同的主题——事实上这正是基于我在大学里面教授这门课程的多年经验。

这本书是写给谁的

本书适合任何对计算机图形学感兴趣的人阅读,无论你是一名高中生还是一位经验丰富的专业人士。

在书中对思路和算法的选择上,我有意识地选择简单明了的表述方式。虽然书中算法是有行业标准的,但每当有不止一种方法可以实现某个结果时,我都会选择最容易理解的那一种。同时,我也付出了相当大的努力来确保本书没有华而不实的东西或者"要花招"。我试着记住阿尔伯特·爱因斯坦的建议:"事情应该力求简单,不过不能过于简单。"(Everything should be made as simple as possible,but no simpler.)

阅读本书不需要太多必备知识,也不需要依赖任何软件或硬件。本书中唯一需要使用的基元(primitive)是一个可以用来设置像素颜色的函数,这也与英文书名中的"from Scratch"(从零开始)相吻合[1]。本书使用的算法在概念上很简单,涉及的数学知识也很简单——最多涉及一点点三角函数的知识。我们还要使用一些线性代数的知识。本书包含简短的附录,以非常实用的方式展示了我们阅读本书所需的一切线性代数知识。

这本书涵盖的内容

本书"从零开始",构建两个完整的、功能齐全的渲染器:光线追踪渲染器和光栅化渲染器。尽管它们采用截然不同的方法,但是使用它们渲染简单场景时会产生相似的结果。图1显示了两个渲染器的对比效果。

图1　一个简单的场景,分别由本书介绍的光线追踪渲染器(左图)和
光栅化渲染器(右图)渲染得到

1　英文书名中的"Computer Graphics from Scratch"也印证了阅读本书不需要太多必备基础知识,适合"从零开始"入门计算机图形学的读者。——译者注

虽然光线追踪渲染器和光栅化渲染器有相当多的相同特性,但它们并不完全相同,本书将探讨它们的具体优势,我们在图2中可以看到其中一些。

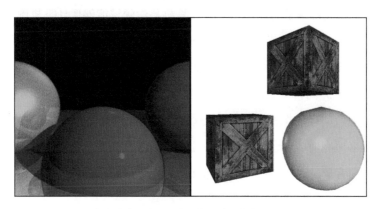

图2　光线追踪渲染器和光栅化渲染器有其独特的功能。
左图为光线追踪阴影和递归反射,右图为光栅化纹理

本书所有案例都有通俗易懂的伪代码,读者还可以通过异步社区获取完整的实现代码(它们是用JavaScript编写的,可以直接在任何Web浏览器中运行)。

为什么阅读这本书?

本书提供了编写软件渲染器所需的几乎所有知识。本书没有使用现有的渲染接口(API,应用程序编程接口),如OpenGL、Vulkan、Metal或DirectX。

现代GPU的功能强大且无处不在,很少有人会有充分的理由去编写一个纯软件实现的渲染器。但是,编写一个软件渲染器的经验是很有价值的,原因如下。

- **着色器就是软件**。在20世纪90年代早期,第一个古老的GPU直接在硬件中实现了渲染算法,我们可以使用它但不能修改它(这就是20世纪90年代中期的大多数游戏看起来彼此相似的原因)。现如今,我们可以编写自己的渲染算法,大家称之为着色器(shader),它们在GPU的特殊芯片中运行。

- **知识就是力量**。理解不同渲染技术背后的理论,而不是复制和粘贴一知

半解的代码片段或者直接套用某些流行的技术方法,可以让我们编写出更出色的着色器代码以及渲染管线(rendering pipeline)。

● **计算机图形学很有趣。** 很少有计算机科学领域能够像计算机图形学这样提供即时的满足感。当我们的 SQL 语句正确运行时,我们所获得的成就感是无法与我们第一次正确获得光线追踪反射时的感觉相比的。我在大学教了 5 年计算机图形学课程,我经常想:为什么我喜欢一学期接着一学期地教同样的东西,而且教了这么长时间? 当我看到我的学生们的脸被屏幕照亮时,当我看到他们使用自己创建的第一个渲染场景作为他们的桌面背景时,我觉得一切都是值得的。

关于本书

本书总共 15 章,主要分为两个部分,第一部分(第 2 章～第 5 章)介绍光线追踪(raytracing),第二部分(第 6 章～第 15 章)介绍光栅化(rasterization),这两部分也分别对应我们将要构建的两个渲染器。

第 1 章介绍理解这两部分内容所需的一些基础知识。建议读者按照顺序阅读这些章节,但是光线追踪和光栅化这两部分的内容都是完全独立的,读者也可以分开阅读这两部分。

以下是对每一章内容的概述。

第 1 章 基础入门概念 这一章我们介绍画布(canvas)的定义,它是一个抽象的表面,我们将在其上进行图像绘制。还介绍 PutPixel 函数,它是我们可以在画布上进行绘制的唯一工具。我们也会带领读者学习颜色的表示方法和运算方法。

第一部分 光线追踪

第 2 章 基础光线追踪知识 我们开发一个基础的光线追踪算法,能够渲染一些看起来像彩色圆圈的球体。

第 3 章 光 我们建立一个光与物体相互作用的模型,并对光线追踪渲染器进行扩展,从而可以模拟光。这样在第 2 章中我们渲染的球体看起来才像真正的球。

第4章　阴影和反射　我们改善球体的渲染效果:它们可以相互投射阴影,并且可以有类似镜面的表面,那样我们就可以看到其他球体的反射效果。

第5章　扩展光线追踪渲染器　我们简单介绍一些可以添加到光线追踪渲染器中的附加功能,但是这些功能的细节超出了本书的范围。

第二部分　光栅化

第6章　直线　我们从一块空白画布开始,开发一种算法来绘制线段。

第7章　填充三角形　我们继续使用第6章的一些核心思想来开发一种算法,用以绘制用单一颜色填充的三角形。

第8章　着色三角形　我们扩展第7章的算法,用平滑的颜色渐变填充三角形。

第9章　透视投影　我们需要从绘制二维(2-dimension,2D)图形中抽身出来学习一些几何和数学知识,我们需要用这些知识来将3D点转换成2D点,这样就可以将它们绘制在画布上了。

第10章　场景的描述和渲染　我们为场景中的物体开发一种表示方法,并探索如何使用透视投影将它们绘制在画布上。

第11章　裁剪　我们开发一种算法来移除相机看不到的那部分场景。现在我们可以安全地从任何相机位置渲染场景。

第12章　移除隐藏表面　我们结合透视投影和着色三角形来渲染实体;为了能够渲染出正确结果,我们需要确保远处的物体不会覆盖近处的物体。

第13章　着色　我们将探索如何将第3章开发的光照方程应用于整个三角形。

第14章　纹理　我们开发一种算法,可以在我们的三角形上"绘制"图像,以此来伪造表面细节。

第15章　扩展光栅化渲染器　我们概述可以添加到光栅化渲染器的功能,但这些功能的细节超出了本书的范围。

附录　线性代数　我们介绍将在本书中使用的一些线性代数的基本概念:点、向量和矩阵。我们介绍可以使用它们完成的操作,并提供一些示例,以此说明我们可以使用它们做什么。

关于作者

我是谷歌的高级软件工程师。我曾经在Improbable公司工作,这是一家真正有机会在现实中创造出"黑客帝国"的公司,至少它彻底改变了多人游戏开发领域。我也曾在Mystery Studio公司工作,这是一家我创立并运营了大约10年的游戏开发公司,它发布了近20款大家可能从未听说过的游戏。

我在大学教了5年的计算机图形学,这是一门为期一学期的大学三年级课程。我要感谢我所有的学生们,他们在无意间充当了我创作素材的实验对象,正是这些素材为本书的创作提供了灵感。

致谢

很少有书能在极短时间内出版，你将要阅读的这本书已经酝酿了将近20年。正如你可能猜到的那样，很多人以这样或者那样的方式参与到本书的创作中，我要在此感谢他们。按照时间的先后顺序罗列如下。

- 奥马尔·帕加尼尼、埃内斯托·奥坎波·埃迪和罗伯托·卢布林曼　作为乌拉圭天主教大学工程学院院长和计算机科学系主任，他们给予了我极大的信任，在我还是大学四年级学生的时候，他们就让我接管了计算机图形学课程，并允许我以自认为最好的方式彻底改造这门课程。罗伯托·卢布林曼副教授在我第一年的教学中一直是我的好导师。

- 我的2003~2008届学生们　除了不知情地接受我不断改进的教学方法之外，他们还接受并尊敬一位仅比他们大一岁（有些时候比他们还小）的教授。当他们创作出第一张光线追踪图像时，他们脸上洋溢的笑容让这一切努力都变得值得。

- 亚历杭德罗·塞戈维亚·阿扎皮安　从一名学生变成助教，再变成我的朋友，他的投入帮助我不断改进教学素材。在他后来非常成功的职业生涯中，他专注于实时渲染和性能优化，这让我感到自豪。他也是本书的技术审稿人，从修改拼写错误到建议对某些章节进行深层次的结构改进，他的贡献范围很广。

- **JC 范温克尔** 他亲自对本书进行审阅编辑，提出了许多有价值的改进建议。

- **《黑客新闻》的读者们** 我的讲义、图表和演示登上了《黑客新闻》的头版，吸引了相当多的关注——包括 No Starch 出版社的关注。如果这一切没有发生，这本书可能永远不会存在。

- **比尔·波洛克、亚历克斯·弗里德、凯茜·安德烈亚迪斯以及整个 No Starch 出版社团队** 在我之前看来，我的讲义和图表已经完全达到了可作为一本书出版的水平。他们指导我整理和重塑了我的讲义和图表，使它们变成一本真正的书。他们将原始素材提升到一个全新的水平。我之前并不知道一本书的出版需要如此多的工作和努力，比尔、亚历克斯、凯茜和出版社团队做得非常出色。虽然图书封面上只有我的名字，但请不要忘记，这是一个团队的努力成果。

资源与支持

本书由异步社区出品，社区（https://www.epubit.com）可为您提供相关资源和后续服务。

配套资源

本书提供如下资源：

- 本书源码；
- 本书彩图文件。

要获得以上配套资源，请在异步社区本书页面中单击 配套资源 ，跳转到下载页面，按提示进行操作即可。

提交错误信息

作者、译者和编辑尽最大努力来确保书中内容的准确性，但难免会存在疏漏。欢迎您将发现的问题反馈给我们，帮助我们提升图书的质量。

当您发现错误时，请登录异步社区，按书名搜索，进入本书页面，单击"提交勘误"，输入错误信息后，单击"提交"按钮即可（见右图）。本书的作者、译者和编辑会对您提交的错误信息进行审核，确认并接受后，您将获赠异步社区的100积分。积分可用于在异步社区兑换优惠券、样书或奖品。

扫码关注本书

扫描右侧的二维码，您将会在异步社区微信服务号中看到本书信息及相关的服务提示。

与我们联系

我们的联系邮箱是 contact@epubit.com.cn。

如果您对本书有任何疑问或建议,请您发电子邮件给我们,并请在电子邮件标题中注明书名,以便我们更高效地做出反馈。

如果您有兴趣出版图书、录制教学视频,或者参与图书翻译、技术审校等工作,可以发电子邮件给我们;有意出版图书的作者也可以到异步社区在线投稿(直接访问 www.epubit.com/selfpublish/submission 即可)。

如果您所在的学校、培训机构或企业,想批量购买本书或异步社区出版的其他图书,也可以发电子邮件给我们。

如果您在网上发现有针对异步社区出品图书的各种形式的盗版行为,包括对图书全部或部分内容的非授权传播,请您将怀疑有侵权行为的链接发电子邮件给我们。您的这一举动是对作者权益的保护,也是我们持续为您提供有价值的内容的动力之源。

关于异步社区和异步图书

"异步社区"是人民邮电出版社旗下 IT 专业图书社区,致力于出版精品 IT 图书和相关学习产品,为作译者提供优质出版服务。异步社区创办于 2015 年 8 月,提供大量精品 IT 图书和电子书,以及高品质技术文章和视频课程。更多详情请访问异步社区官网 https://www.epubit.com。

"异步图书"是由异步社区编辑团队策划出版的精品 IT 专业图书的品牌,依托于人民邮电出版社近 40 年的计算机图书出版积累和专业编辑团队,相关图书在封面上印有异步图书的 Logo。异步图书的出版领域包括软件开发、大数据、人工智能、测试、前端、网络技术等。

异步社区

微信服务号

目录

第1章　基础入门概念 ……………………………………………………1

1.1　画布 ……………………………………………………………………1

1.2　颜色模型 ………………………………………………………………4

　　1.2.1　减色法模型 ………………………………………………………4

　　1.2.2　加色法模型 ………………………………………………………6

　　1.2.3　忽略细节 …………………………………………………………7

1.3　颜色深度和颜色表示法 ………………………………………………8

1.4　颜色的处理方法 ………………………………………………………9

1.5　场景 ……………………………………………………………………10

1.6　总结 ……………………………………………………………………11

第一部分　光 线 追 踪

第2章 基础光线追踪知识 ……………………………………………14

2.1　渲染一幅瑞士风景图 …………………………………………………14

2.2　基本假设 ………………………………………………………………17

2.3　画布空间到视口空间 …………………………………………………18

2.4　追踪射线 ………………………………………………………………19

　　2.4.1　射线方程 …………………………………………………………20

　　2.4.2　球体方程 …………………………………………………………21

2.4.3　射线与球体相交 ·· 22

2.5　渲染我们的第一组球体 ··· 24

2.6　总结 ·· 29

第3章　光 ·· 30

3.1　简化的假设 ··· 31

3.2　光源 ·· 31

3.2.1　点光 ·· 31

3.2.2　方向光 ··· 32

3.2.3　环境光 ··· 33

3.3　单点光照 ·· 34

3.4　漫反射 ··· 34

3.4.1　对漫反射的建模 ·· 35

3.4.2　漫反射方程 ··· 38

3.4.3　球体的法线 ··· 38

3.4.4　漫反射的渲染 ·· 39

3.5　镜面反射 ·· 41

3.5.1　对镜面反射的建模 ·· 44

3.5.2　镜面反射的计算项 ·· 46

3.5.3　完整的光照方程 ·· 46

3.5.4　镜面反射的渲染 ·· 47

3.6　总结 ·· 50

第4章　阴影和反射 ··· 52

4.1　阴影 ·· 52

4.1.1　理解阴影 ·· 52

4.1.2　包含阴影的渲染 ·· 55

4.2　反射 ·· 58

4.2.1　镜子和反射 ··· 58

4.2.2　包含反射的渲染 ·· 61

4.3　总结 ·· 64

第5章　扩展光线追踪渲染器 ·····························65

5.1　任意相机定位 ·······································65

5.2　性能优化 ···67

　　5.2.1　并行运算 ·····································67

　　5.2.2　缓存不变值 ···································68

　　5.2.3　阴影的优化 ···································69

　　5.2.4　空间结构 ·····································70

　　5.2.5　子采样 ·······································70

5.3　支持其他图元 ·······································71

5.4　体素构造表示法 ·····································71

5.5　透明度 ···73

5.6　超采样 ···75

5.7　总结 ···75

第二部分　光　栅　化

第6章　直线 ···78

6.1　描述直线 ···79

6.2　绘制直线 ···80

6.3　绘制任意斜率的直线 ·································84

6.4　线性插值函数 ·······································85

6.5　总结 ···88

第7章　填充三角形 ·······································89

7.1　绘制线框三角形 ·····································89

7.2　绘制填充三角形 ·····································90

7.3　总结 ···94

第8章　着色三角形 ·······································95

8.1　定义问题 ···95

8.2　计算边缘着色 ·······································96

8.3　计算内部着色 ··98

8.4　总结 ··101

第9章　透视投影 ···102

9.1　基本假设 ··102

9.2　查找 P' 点 ···103

9.3　透视投影方程 ···104

9.4　透视投影方程的性质 ···105

9.5　投影我们的第一个3D物体 ·······································106

9.6　总结 ··108

第10章　场景的描述和渲染 ···109

10.1　表示一个立方体 ···109

10.2　模型和模型实例 ···113

10.3　模型变换 ···116

10.4　相机变换 ···118

10.5　变换矩阵 ···121

10.6　齐次坐标 ···122

10.6.1　齐次旋转矩阵 ···123

10.6.2　齐次缩放矩阵 ···124

10.6.3　齐次平移矩阵 ···124

10.6.4　齐次投影矩阵 ···125

10.6.5　齐次视口-画布变换矩阵 ·····································126

10.7　回顾变换矩阵 ···126

10.8　总结 ···128

第11章　裁剪 ···130

11.1　裁剪过程概述 ···131

11.2　裁剪体 ···131

11.3　使用平面裁剪场景 ···133

11.4　定义裁剪平面 ···135

11.5　裁剪整个物体 ···137

11.6　裁剪三角形 ·· 139

11.7　裁剪过程的伪代码 ····························· 142

11.8　渲染管线中的裁剪过程 ····················· 145

11.9　总结 ·· 145

第12章　移除隐藏表面 ······································ 146

12.1　渲染实体物体 ···································· 146

12.2　画家算法 ·· 147

12.3　深度缓冲 ·· 149

12.4　背面剔除 ·· 154

12.5　总结 ·· 158

第13章　着色 ·· 159

13.1　着色与光照 ······································· 159

13.2　扁平化着色 ······································· 160

13.3　高洛德着色 ······································· 161

13.4　冯氏着色 ·· 166

13.5　总结 ·· 169

第14章　纹理 ·· 171

14.1　绘制木条箱 ······································· 171

14.2　双线性滤波 ······································· 176

14.3　贴图分级细化 ···································· 179

14.4　三线性滤波 ······································· 182

14.5　总结 ·· 182

第15章　扩展光栅化渲染器 ······························ 183

15.1　法线映射 ·· 183

15.2　环境映射 ·· 185

15.3　阴影 ·· 187

15.3.1　模板阴影 ································· 187

15.3.2　阴影映射 ································· 193

15.4 总结 ································ 194

编后记 ··································· 195

附录 线性代数 ···························· 197
1. 点 ·································· 197
2. 向量 ······························ 198
   （1）表示向量 ···················· 198
   （2）向量的模 ···················· 199
3. 点运算和向量运算 ················· 199
   （1）点的减法 ···················· 199
   （2）点和向量的加法 ·············· 200
   （3）向量加法 ···················· 200
   （4）向量和数的乘法 ·············· 201
   （5）向量乘法 ···················· 201
4. 矩阵 ······························ 203
5. 矩阵运算 ·························· 203
   （1）矩阵加法 ···················· 203
   （2）矩阵和数的乘法 ·············· 203
   （3）矩阵乘法 ···················· 204
   （4）矩阵和向量的乘法 ············ 205

第 **1** 章
基础入门概念

光线追踪渲染器和光栅化渲染器采用不同的方法将 3D 场景渲染到 2D 屏幕上。但是,这两种方法有一些共同的基本概念。

在本章中,我们将探索画布(canvas),这是一个抽象表面,我们将在其上渲染图像。我们还将探索坐标系(coordinate system),我们将通过它来"引用"画布上的像素(pixel)。我们将学习如何表示和处理颜色,以及学习如何描述一个 3D 场景,以便我们的渲染器可以使用它。

1.1 画布

在本书中,我们将在画布上绘制东西:画布是一个矩形像素阵列,我们可以单独设置每一个像素的颜色。我们并不关心画布是显示在屏幕上还是印刷在纸上。我们的目标是在2D画布上呈现一个3D场景，所以我们把精力集中于在这个抽象的矩形像素阵列上进行渲染。

我们将通过一个简单的函数来延伸并构建本书中的所有内容，该函数可为画布上的某一个像素设置颜色，如下面代码所示。

```
canvas.PutPixel(x, y, color)
```

这个函数有3个参数：x坐标、y坐标和color（颜色值）。现在让我们先把重点放在坐标上。

坐标系

画布有宽度和高度（均以像素为单位），我们称之为 C_w 和 C_h。我们需要一个坐标系来引用画布的像素。对于大多数计算机屏幕，坐标原点位于屏幕左上角，x 轴向屏幕右侧延伸，y 轴向屏幕底部延伸，如图1-1所示。

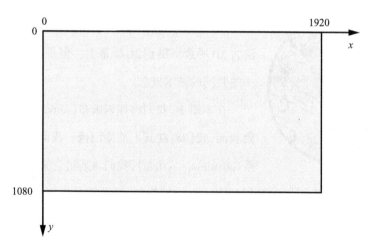

图1-1 大多数计算机屏幕采用的坐标系

考虑到视频内存的组织方式，这个坐标系对于计算机来说是非常自然、合理的，但对于人类来说却不是最自然、合理的使用方式。相反，3D图形程序员倾向于使用另一种坐标系,这也是我们通常在纸上绘制图形时所使用的坐标系:它的原点位于中心,x 轴"向右增大、向左减小",而 y 轴"向上增大、向下减小",如图 1-2 所示。

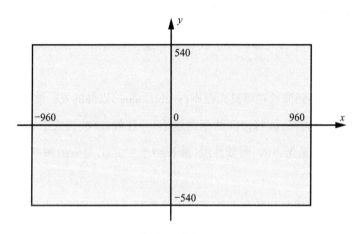

图 1-2 我们的画布将采用的坐标系

使用这个坐标系的话,x 轴的范围变成 $\left[\dfrac{-C_w}{2}, \dfrac{C_w}{2}\right)$,$y$ 轴的范围变成 $\left[\dfrac{-C_h}{2}, \dfrac{C_h}{2}\right)$。同时我们假设,当坐标值超出这一范围时,使用 PutPixel 函数没有任何作用。

在我们的示例中,画布会被绘制在屏幕上,因此我们需要从一个坐标系转换到另一个坐标系。要做到这一点,我们需要改变坐标系的中心,并反转 y 轴的方向。由此可以得到如下的转换方程。

$$S_x = \frac{C_w}{2} + C_x$$

$$S_y = \frac{C_h}{2} - C_y$$

我们假设 PutPixel 函数会自动进行这种转换。我们可以认为画布的坐标原点在中心,x 轴向屏幕右侧延伸,y 轴向屏幕顶部延伸。

让我们再来看看 PutPixel 函数剩下的参数:color。

1.2 颜色模型

关于颜色如何作用的理论很吸引人,但它超出了本书的范围。以下仅简要介绍与计算机图形学相关的颜色理论方面的相关知识。

当光照射到我们的眼睛时,它会刺激眼睛后面的感光细胞。这些细胞根据入射光的波长产生对应的大脑信号。我们把对这些大脑信号的主观体验称为颜色(color)。

我们通常看不到波长在可见光范围(visible range)以外的光。波长和频率呈反比关系(波的频率越高,波峰之间的距离越小)。红外线(波长大于770nm,对应的频率低于405THz)是无害的,而紫外线(波长小于390nm,对应的频率高于790THz)会灼伤你的皮肤。

每一种你可以想象到的颜色都可以用某些颜色的不同组合来描述。"白色"是所有颜色的总和,而"黑色"可理解为没有任何颜色。用精确的波长来描述颜色是不切实际的。幸运的是,几乎所有的颜色都可以由3种颜色线性组合而成,这3种颜色称为原色(primary color)。

1.2.1 减色法模型

我们在幼儿时会用蜡笔画各种奇奇怪怪的图形,减色法模型(subtractive color model)就是我们用蜡笔所做事情的一个专业的名字。我们拿一张白纸和红、黄、蓝3种颜色的蜡笔。我们先画一个黄色的圆圈,然后画一个蓝色的圆圈与它重叠,这样就得到了绿色!黄色和红色一起就会得到橙色!红色和蓝色一起就会得到紫色!将三者混合在一起,就会得到一种很暗的颜色!幼儿园是不是一个神奇的地方?图1-3显示了减色法模型的原色以及它们混合后得到的颜色。

不同的物体有不同的颜色,因为它们吸收和反射光的方式不同。我们先来分析一下白光,比如阳光(阳光不是很白,但对我们的目的来说已经足够了)。白光包含各种波长的光。当光照射到一个物体的表面时,物体的表面会吸收一部分波长的光,反射其他部分波长的光,这取决于物体的材质。一些反射光会进入我们的眼睛，然后我们的大脑将其转换成颜色。具体是什么颜色呢？就是被物体表面反射的波长总和所形成的颜色。

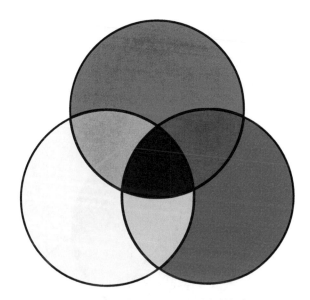

图1-3 减色法的三原色以及它们的组合

那这些蜡笔是怎么回事？我们从白纸反射白光开始分析。因为是白纸，所以它反射了大部分接收到的光。当我们用"黄色"蜡笔画画时，我们是在纸张上添加了一层材料，这层材料可以吸收一部分波长的光，但会让其他波长的光通过。这部分光经过纸张的反射，再次穿过这一层"黄色"材料，进入我们的眼睛，我们的大脑就把这种特定波长的光组合解释为"黄色"。这一层"黄色"材料的作用就是从原始的白光中减去（subtract）一部分波长的光。

我们可以把每种颜色的圆看作一个滤波器：当我们画一个蓝色圆叠加到黄色圆上面的时候，相当于我们从原来的光中过滤掉了更多波长的光，所以进入我们眼睛的是那些没有被蓝色或黄色的圆过滤掉的波长的光，我们的大脑认为它们是"绿色"的。

总之，我们从包含所有波长的光开始，减去一部分数量的原色，从而创建任何其他颜色。这种颜色模型的名字就来源于我们通过减去其中一部分波长的光来创造颜色这样一个事实。

不过,这种模型并不完全正确。其实减色法模型中的实际原色并不是教给幼儿和美术学生的蓝色、红色和黄色,而是青色(cyan,C)、品红色(magenta,M)和黄色(yellow,Y)。此外,混合这3种原色会产生一种稍暗的颜色,但不是完全的黑色,因此需要添加纯黑色作为第四种"原色"。因为B已经用于表示蓝色,所以黑色(black)用K表示,因此我们得出了CMYK颜色模型(CMYK color model),如图1-4所示。

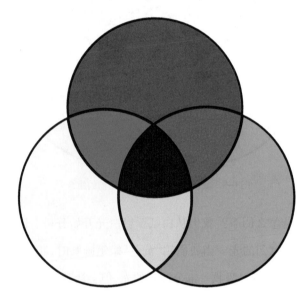

图1-4 打印机使用的4种减色法原色

我们可以直接在彩色打印机的墨盒上看到这种颜色模型的应用,有时也可以在廉价的传单上看到这种颜色模型的应用,在廉价的传单上,不同的颜色彼此会有略微偏移错位。

1.2.2 加色法模型

减色法模型只是故事的一半。如果你曾经近距离或用放大镜观察屏幕(或者,老实说,不小心对着屏幕打了个喷嚏),你可能会看到一些彩色的小点。它们是红色、绿色和蓝色的。

屏幕与纸张是相反的。纸张不会发光,它只是反射了照射它的光的其中一部分。另一方面,屏幕本身是黑色的,但它们自身会发光。对于纸张,我们从白光开始,减去我们不想要的波长的光;对于屏幕,我们从没有光开始,然后添加(add)我们想要的波长的光。

为此我们需要使用不同的原色。大多数颜色可以通过在黑色表面上添加不同"数量"的红色(red,R)、绿色(green,G)和蓝色(blue,B)来创建,这就是RGB颜色模型(RGB color model),它是一种加色法模型(additive color model),如图1-5所示。

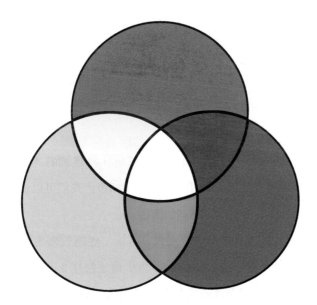

图1-5 加色法的三原色及其部分组合

加色法原色的混合色会比它的各组成颜色更亮(lighter),而减色法原色的混合色会比各组成颜色更暗(darker)。所有加色法原色相加可以得到白色,而所有减色法原色相加得到的却是黑色。

1.2.3 忽略细节

既然大家已经知道了所有细节,那么我们就可以选择性地忘记大部分细节,专注于对我们的工作至关重要的事情。

大多数颜色可以用RGB颜色模型或CMYK颜色模型（或许多其他颜色模型中的任何一种）表示，并且可以从一种颜色空间（color space）转换为另一种颜色空间。由于我们专注于在屏幕上渲染东西，因此我们在本书的其余部分使用RGB颜色模型。

如上所述，物体吸收照射它们的部分光，反射其余的光。一些波长的光被吸收，一些被反射，然后就形成了我们所感知的物体表面的“颜色”。从现在开始，我们将简单地把颜色看作物体表面的一种属性，而忽略光的波长。

1.3 颜色深度和颜色表示法

显示器通过混合不同数量的红色、绿色和蓝色来创建颜色。它们通过给屏幕上微小的颜色点提供不同的电压，以不同的强度点亮这些微小的颜色点，从而创造不同的颜色。

我们可以得到多少种不同的强度呢？虽然电压是连续的，但我们使用计算机来处理颜色，计算机使用的是离散值（有限数量的值）。我们可以表示的红色、绿色和蓝色的色调越多，我们就能产生越多的颜色。

现如今我们看到的大多数图像都是使用8位二进制数来表示一种原色，在这里我们称原色为颜色通道（color channel）。每个通道使用8位二进制数的话，对于一个像素（由3个通道组成）而言就是24位二进制数，总共有2^{24}种（大约1670万种）不同的颜色。这种格式，称为R8G8B8格式或简称为888格式，是我们将在本书中使用的格式。我们认为这种格式的颜色深度（color depth）为24位。

这绝不是唯一可能的格式。不久前，为了节省存储器，15位和16位格式很受欢迎，在15位的情况下我们为每个通道分配5位，在16位的情况下我们为红色通道分配5位，为绿色通道分配6位，为蓝色通道分配5位（称为R5G6B5格式或565格式）。绿色通道得到了额外的1位，因为我们的眼睛对绿色的变化比对红色或蓝色的变化更敏感。

使用16位二进制数，我们可以获得2^{16}种（大约65000种）颜色。这意味着24

位格式中每256种颜色值对应16位格式中的1种颜色。尽管65000种颜色已经足够了,但对于颜色变化非常缓慢的图像,我们将能够看到非常微妙的"阶梯"现象,而这在1670万种颜色中是看不到这种现象的,其中有足够的二进制位来表示介于两者之间的颜色。对于一些特殊的应用场合,例如电影的色彩分级,最好要能够表现更多的颜色细节,因此每个颜色通道需要使用更多的二进制位。

我们将使用3个字节来表示一种颜色,每个字节保存从0到255的8位颜色通道的值。我们将颜色表示为(R, G, B)。例如,$(255, 0, 0)$表示纯红色;$(255, 255, 255)$表示白色;$(255, 0, 128)$表示红紫色。

1.4 颜色的处理方法

我们将使用一些运算来处理颜色。如果你有一些线性代数知识,你可以把颜色想象成3D颜色空间中的向量。如果没有,请不要担心,我们将介绍我们现在将要使用的基本操作。

我们可以通过将每个颜色通道值乘一个常量来修改颜色的强度,如下所示。

$$k(R, G, B) = (kR, kG, kB)$$

例如,颜色$(32, 0, 128)$的强度是颜色$(16, 0, 64)$的两倍。

我们可以通过将每个颜色通道值分别相加来将两个颜色相加:

$$(R_1, G_1, B_1) + (R_2, G_2, B_2) = (R_1 + R_2, G_1 + G_2, B_1 + B_2)$$

例如,如果我们想要组合红色$(255, 0, 0)$和绿色$(0, 255, 0)$,我们将它们按通道值分别相加,得到$(255, 255, 0)$,也就是黄色。

这些运算可能产生无效的值,例如,将$(192, 64, 32)$的强度增加一倍产生的红色通道值(R)超出了我们的颜色范围。我们将任何超过255的值视为255,任何低于0的值视为0,我们把这称为将值范围限制(clamp)为$[0, 255]$。这或多或少等同于我们在现实生活中拍摄曝光不足或过度曝光的照片时所发生的情况:我们会得到全黑或全白区域。

这大致就是我们对于颜色的入门知识和 PutPixel 函数操作的总结。在我们继续第 2 章之前,让我们花一点儿时间来研究如何表示要渲染的 3D 物体。

1.5 场景

到目前为止,我们已经介绍了画布,就是我们可以在其上为像素着色的抽象表面。现在我们引入另一个抽象概念——场景(scene),从而将注意力转移到我们感兴趣的要表示的物体上。

场景是在渲染中我们感兴趣的一组物体的集合。它可以代表任何事物,从飘浮在无限空旷空间中的单个球体(我们将从那里开始)到脾气暴躁的怪兽鼻子内部的令人难以置信的详细模型。

我们需要一个坐标系来讨论场景中的物体。我们不能使用与画布相同的坐标系,其中有两个原因。首先,画布是 2D 的,而场景是 3D 的。其次,画布和场景使用不同的单位:画布使用像素,场景使用真实单位(如英制或公制)。

场景坐标系中,坐标轴的选择是任意的,因此我们的选择需要对我们的目的有帮助。我们说 y 轴是向上的,x 轴和 z 轴是水平的,并且 3 个轴都相互垂直。把平面 xz 想象成"地板",而平面 xy 和 yz 是方形房间里垂直的"墙"。与我们为画布选择的坐标系一致,场景坐标系中 y 轴是向上的,x 轴是水平的。图 1-6 展示了场景使用的坐标系。

场景单位的选择取决于我们的场景代表什么。如果我们正在对一个茶杯进行建模,那么测量值"1"可以表示 1 英寸(1 英寸≈2.54cm);如果我们是对太阳系进行建模,那么"1"可以表示 1 个天文单位。只要我们坚持使用所选择的单位,它们是什么并不重要,所以我们可以从现在开始安心地忽略它们。

图 1-6 场景使用的坐标系

1.6　总结

　　在本章中,我们介绍了画布,这是一种表示矩形表面的抽象概念,我们可以在其上绘制图像。还介绍了一个函数——PutPixel,我们将使用它构建其他所有内容。我们还选择了一个坐标系来"引用"画布上的像素,并描述了一种表示这些像素颜色的方法。最后,我们介绍了场景的概念,并选择了在场景中使用的坐标系。

　　奠定了这些基础之后,我们可以开始构建光线追踪渲染器和光栅化渲染器了。

第一部分

光线追踪

第**2**章
基础光线追踪知识

在本章中，我们将介绍光线追踪（raytracing），这是我们将要介绍的第一个重要算法。首先我们会解释此算法的目的——人们是为了解决什么问题才想到了这样的算法，然后会列出一些算法实现过程的伪代码。之后我们会学习如何在场景中表示光线和物体。最后，我们推导出一种方法，用来计算哪些光线构成了我们场景中每个物体的可见图像，并了解如何在画布上表示它们。

2.1　渲染一幅瑞士风景图

假设我们正在游览一处旅游胜地，并看到了令人惊叹的风景——它是如此令人着迷，我们恰好可以绘制一幅画来捕捉它的美景。图 2-1 展示了这样一处风景。

　　假设我们有画布和画笔,但我们并没有太多艺术天赋。难道绘制图画来捕捉美景的愿望就要因此破灭了吗?

　　不一定。我们可能没有艺术天赋,但我们是有条理、有方法的。所以我们可以顺理成章地想到一件事:去找一张捕虫网。切割出一张长方形的网,把它用木框框起来,然后把它固定在一根木棍上。现在我们可以透过一扇网状的窗户观察风景了。接下来,我们选择最佳视角来欣赏风景,并且再插一根木棍来标记此时我们眼睛所处的确切位置。

图2-1　令人叹为观止的瑞士风景

　　我们还没有开始画画,但此时我们有了一个固定的视角和一个固定的木框,通过这个木框我们可以观察风景。而且这个固定的木框,被捕虫网分割成了一个个的小方块。然后我们可以开始有条不紊地绘画了。我们在画布上绘制一个网格,网格中格子的数量和我们之前木框上捕虫网的格子数量相同。然后我们观察一下木框上捕虫网左上角的格子,我们透过它可以看到的最主要的颜色是什么?是天蓝色。所以我们把画布上左上角格子的颜色也涂成天蓝色。我们不断重复这个过程,对画布上的每个格子都这样处理,很快画布上就有了一幅"美丽的"风景画,就像我们通过木框看到的那样。最终绘制的图如图2-2所示。

图2-2　对风景的粗略描述

仔细想想,计算机本质上是一台非常有条理的机器,完全缺乏艺术天赋[1]。我们可以像下面这样描述我们的绘画创作过程。

```
For each little square on the canvas
    Paint it the right color
```

非常简单！但是这个过程太抽象了,无法直接在计算机上实现。我们可以描述得更详细一点儿。

1　现在的人工智能(AI)算法,在图像处理方面,已经展现出了一定的艺术性,感兴趣的读者可以搜索机器学习在图像处理方面的应用。——译者注

```
Place the eye and the frame as desired
For each square on the canvas
    Determine which square on the grid corresponds to this square on the canvas
    Determine the color seen through that grid square
    Paint the square with that color
```

这仍然太抽象了,但它开始看起来像一个算法——也许会令大家惊讶,这其实是对一个完整光线追踪算法的较高层面的概述! 是的,就是这么简单。

2.2 基本假设

计算机图形学的魅力之一是可以在屏幕上绘制各种东西。为了尽快实现这一点,我们需要做一些经过简化的假设。当然,这些假设对我们可以做的事情施加了一些限制,但我们将在后面的章节中解除这些限制。

首先,我们假定有一个固定的观察位置。观察位置,也就是2.1节我们观察瑞士风景时眼睛所处的位置,我们通常称其为相机位置(camera position),用 O 表示。我们假设相机在空间中占据一个点,它位于坐标系的原点,并且它永远不会从那里移走,所以现在相机的位置是 $O = (0, 0, 0)$。

其次,我们假设有一个固定的相机方位。相机方位决定了相机指向哪里。我们假设相机指向 z 轴正方向(简写为 z_+),并且 y 轴正方向($\mathbf{y}_+$)是向上的,x 轴正方向($\mathbf{x}_+$)是向右的,如图2-3所示。

相机位置和方位现已固定。在观察瑞士风景这个示例中,我们仍然缺少的就是用于观察场景的"木框"。我们假设这个木框的尺寸为 V_w 和 V_h,并且在相机方位的正前方,也就是垂直于 z_+。我们还假设木框到相机的距离是 d,它的两条边平行于 x 轴和 y 轴,它的中心在 z 轴上。说得有点儿啰唆,但其实质很简单,如图2-4所示。

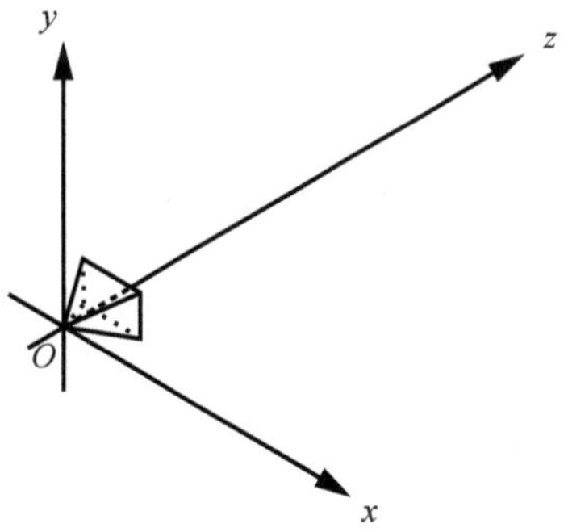

图2-3 相机的位置和方位

图2-4所示的矩形作为我们观察世界的窗口,我们称之为视口(viewport)。本质上,我们将在画布上绘制我们通过视口看到的任何内容。请注意,视口的大小和视口到相机的距离决定了从相机可以观察的角度,称为视野(field of view),或简称FOV。人类有将近180°的水平视野(尽管大部分是模糊的周边视觉,没有深度感)。为简单起见,我们设置 $V_w = V_h = d = 1$;

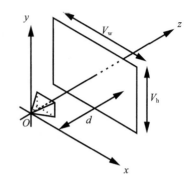

图2-4 视口的位置和方位

这样会使得相机视野大约为53°,从而可以生成合理的而且不会过度扭曲失真的图像。

让我们回到前面介绍的“算法”,使用适当的技术术语,并为清单2-1中的步骤编号。

清单2-1 光线追踪算法的简要描述

①Place the camera and the viewport as desired

  For each pixel on the canvas

    ②Determine which square on the viewport corresponds to this pixel

    ③Determine the color seen through that square

    ④Paint the pixel with that color

我们刚刚完成了步骤①(或者更准确地说,暂时解决了这个问题)。步骤④很简单:我们只需使用canvas.PutPixel(x, y, color)。我们需要快速地完成步骤②,然后在接下来的几章中,我们将专注于完成步骤③所涉及的越来越复杂的方法。

2.3 画布空间到视口空间

清单2-1中算法的步骤②要求我们确定视口上的哪个正方形格子对应于画布上的某一像素。我们知道像素的画布坐标——我们称之为 C_x 和 C_y。需要注意的是,我们要怎样放置视口,才能便捷地把它的轴与画布的方位相匹配,把它的中心与画布的中心相匹配。因为视口是以世界空间的单位衡量的,而画布是以像素衡量的[1],所以从画布坐标到空间坐标只是比例的改变!

$$V_x = C_x \frac{V_w}{C_w}$$

$$V_y = C_y \frac{V_h}{C_h}$$

还有一个额外的细节。尽管视口是2D的,但它是嵌在3D空间中的。我们定义它与相机的距离为d。根据定义,这个平面,也就是投影平面(projection plane)上的每个点都有$z = d$。因此,有如下方程。

$$V_z = d$$

这样步骤②就完成了。对于画布上的每个像素(C_x, C_y),我们可以确定其在视口上对应的点(V_x, V_y, V_z)。

2.4　追踪射线

下一步是弄清楚从相机的位置(O_x, O_y, O_z)观察,穿过视口上的某个点(V_x, V_y, V_z)的光是什么颜色的。

在现实世界中,光来自光源(如太阳、灯泡等),经过几个物体反射之后,最终到达我们的眼睛。对于场景中的模拟光源,我们可以尝试模拟每个光子离开模拟光源的路径,但这会非常耗时。我们不仅要模拟数量惊人的光子(一个100W的灯泡每秒发出10^{20}个光子!),而且只有一小部分光子在通过视口后会刚好到达(O_x, O_y, O_z)。这种技术称为光子追踪(photon tracing)或光子映射(photon mapping)。不幸的是,这超出了本书的范围。

相反,我们将考虑"反向"的光线:相机发射出射线,我们从这里开始,穿过视口

1　因为视口是在世界空间,所以是以世界空间的单位衡量的,而画布是与最终的渲染目标(例如屏幕)相关联的,所以以像素作为衡量单位。——译者注

中的某个点,并跟踪射线的路径,直到它"击中"场景中的某个物体。这个物体就是相机通过视口的那个点"看到"的物体。因此,作为第一近似值,我们只需要将该物体的颜色作为"通过该点的光的颜色",如图2-5所示。

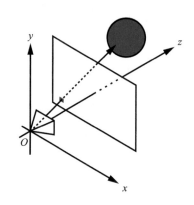

图2-5 视口中的一个小方块,代表了画布上的一个像素,
我们用相机通过它看到的物体的颜色绘制该像素

现在我们只需要用一些方程来描述这些几何图形。

2.4.1 射线方程

对我们来说,表示射线最方便的方法是用参数方程。我们知道射线通过点 O,而且知道它的方向(从点 O 指向点 V),所以我们可以把射线中的任意点 P 表示为如下方程。

$$P = O + t(V - O)$$

其中 t 是任意实数。通过把从 $-\infty$ 到 $+\infty$ 的每个 t 值代入这个方程,我们可得到沿射线的每个点 P。

我们称射线的方向 $(V - O)$ 为 $\boldsymbol{D}$。这样方程变为下面这样。

$$P = O + t\boldsymbol{D}$$

理解这个方程的一种直观方式是,我们从原点 (O) 发出射线,并沿着射线的方向 $(\boldsymbol{D})$ "前进"某个量 (t),很容易看出这包括了沿射线的所有点。你可以在本书附录中了解更多关于向量运算的细节。图2-6显示了这些方程的实际应用。

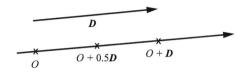

图2-6 射线 $O + tD$ 上不同 t 值的点

图2-6显示了沿射线对应 $t = 0.5$ 和 $t = 1.0$ 的点。t 的每个值沿射线产生不同的点。

2.4.2 球体方程

现在我们需要在场景中假设一些物体，这样我们的射线就能击中这些物体。我们可以选择任意的几何图元作为场景的构建块。对于光线追踪，我们使用球体，因为它们很容易用方程来处理。

什么是球体？球体是距离一个固定点有固定距离的点的集合[1]。这个距离叫作球的半径（radius），这个点叫作球的球心（center）。

图2-7显示了一个由球心 C 和半径 r 定义的球体。

根据上面的定义，如果 C 是球心，r 是球的半径，那么球体表面上的点 P 必须满足下面的函数。

$$\text{distance}(P, C) = r$$

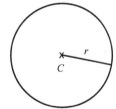

图2-7 一个球体，由它的球心和半径定义

我们来研究一下这个函数。如果你对这些数学知识不熟悉，可参阅附录。

点 P 和点 C 之间的距离就是从点 P 到点 C 的向量的长度，如下所示[2]。

$$|P - C| = r$$

一个向量的长度（记为 $|V|$）是它与自身的点积（记为 $V \cdot V$）的平方根，如下所示。

$$\sqrt{(P - C) \cdot (P - C)} = r$$

为了消去平方根，我们可以两边同时取平方，得到下面的方程。

---

1 在计算机图形学中，除了一些特殊的材质（例如体渲染材质），大部分是表面渲染，因此相应的着色器被称为 surface shader。作者没有按照严格的几何定义，因此球体和球面使用了相同的描述函数。本书其余部分，除非特殊说明，一般会沿用这种方式。——译者注

2 作者使用了简化形式，$P - C$ 意为从点 C 指向点 P 的向量。——译者注

$$(P - C) \cdot (P - C) = r^2$$

上述这些球体方程都是等价的,但最后一个方程在下面的步骤中最便于操作。

2.4.3 射线与球体相交

现在我们有两个方程:一个描述球体上的点,一个描述射线上的点。如下所示。

$$(P - C) \cdot (P - C) = r^2$$

$$P = O + t\boldsymbol{D}$$

射线和球体是否相交呢? 如果相交,交点在哪里呢?

假设射线和球体确实在点 P 相交。这个点既在射线上又在球体的表面上,所以它必须同时满足两个方程。请注意,这些方程中唯一的未知量就是参数 t,因为 O、$\boldsymbol{D}$ 和 r 都是已知的,而 P 是我们要找的点。

由于 P 在两个方程中代表相同的点,我们可以用第二个方程中 P 的表达式代替第一个方程中的 P。这样我们可以得到如下方程。

$$(O + t\boldsymbol{D} - C) \cdot (O + t\boldsymbol{D} - C) = r^2$$

如果我们能找到满足这个方程的 t 值,我们可以把它代入射线方程从而找到射线与球体的交点。

从目前的方程形式来看,这个方程有点儿难以理解。我们来做一些代数运算看看能得到什么。

首先,让 $\overrightarrow{CO} = O - C$。然后我们可以把方程改写成下面这样。

$$\left(\overrightarrow{CO} + t\boldsymbol{D}\right) \cdot \left(\overrightarrow{CO} + t\boldsymbol{D}\right) = r^2$$

然后,我们利用分配律将点积展开(同样,可参阅附录),如下所示。

$$\left(\overrightarrow{CO} + t\boldsymbol{D}\right) \cdot \overrightarrow{CO} + \left(\overrightarrow{CO} + t\boldsymbol{D}\right) \cdot t\boldsymbol{D} = r^2$$

$$\overrightarrow{CO} \cdot \overrightarrow{CO} + t\boldsymbol{D} \cdot \overrightarrow{CO} + \overrightarrow{CO} \cdot t\boldsymbol{D} + t\boldsymbol{D} \cdot t\boldsymbol{D} = r^2$$

稍微整理一下这些项,我们得到下面的方程。

$$t\boldsymbol{D} \cdot t\boldsymbol{D} + 2\overrightarrow{CO} \cdot t\boldsymbol{D} + \overrightarrow{CO} \cdot \overrightarrow{CO} = r^2$$

将参数 t 移出点积并将 r^2 移到等式的另一侧,我们得到下面的方程。

$$t^2 (\boldsymbol{D} \cdot \boldsymbol{D}) + 2t(\overrightarrow{CO} \cdot \boldsymbol{D}) + (\overrightarrow{CO} \cdot \overrightarrow{CO}) - r^2 = 0$$

记住,两个向量的点积是实数,所以前文方程中每个圆括号内的项都是实数。如果我们给它们分别起个名字,我们会得到更熟悉的东西,如下所示。

$$a = \boldsymbol{D} \cdot \boldsymbol{D}$$

$$b = 2(\overrightarrow{CO} \cdot \boldsymbol{D})$$

$$c = (\overrightarrow{CO} \cdot \overrightarrow{CO}) - r^2$$

$$at^2 + bt + c = 0$$

这刚好就是一个经典的一元二次方程!它的解就是射线与球体相交处参数 t 的值,如下所示。

$$\{t_1, t_2\} = \frac{-b \pm \sqrt{b^2 - 4ac}}{2a}$$

幸运的是,这在几何上是合理的。你们可能还记得,一元二次方程可以没有解,有一个解,或者有两个不同的解,这取决于判别式 $b^2 - 4ac$ 的值。这正好分别对应射线不与球体相交、射线与球体相切、射线进入和离开球体 3 种情况,如图 2-8 所示。

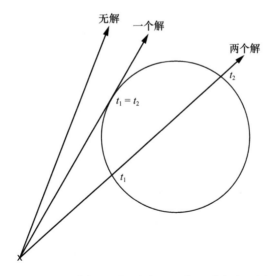

图 2-8　一元二次方程解的几何解释:无解、一个解或两个解

一旦我们求出了 t 的值,我们就可以将其代入射线方程,最终得到与该 t 值对应的交点 P。

2.5 渲染我们的第一组球体

总而言之,对于画布上的每个像素,我们可以计算视口中对应的点。给定相机的位置,我们可以表示从相机出发并穿过视口中某一点的射线方程。给定一个球体,我们可以计算出射线与球体相交的位置。

所以我们需要做的就是计算射线和每个球体的交点,保留距离相机最近的那个交点,然后用适当的颜色在画布上绘制像素。我们已经准备好渲染我们的第一组球体了!

不过,参数 t 的值得特别注意。让我们回到射线方程。

$$P = O + t(V - O)$$

由于射线的原点和方向是固定的,在所有实数范围内改变 t 将产生这条射线中的每个点 P。我们注意到,对于 $t = 0$,我们得到 $P = O$;对于 $t = 1$,我们得到 $P = V$。t 的负值产生相反方向的点,即在相机后面。因此,我们可以将参数空间分为 3 个部分,如表 2-1 所示。图 2-9 展示了参数空间的示意。

表 2-1 参数空间的细分

t 值	参数空间划分
$t < 0$	在相机后面
$0 \leqslant t \leqslant 1$	在相机和投影平面/视口之间
$t > 1$	在投影平面/视口前面

请注意,相交方程并没有表明球体必须在相机前面;该方程也可以求解出位于相机后面的交点。显然,这不是我们想要的,所以我们应该忽略任何 $t < 0$ 的解。为了进一步避免数学计算上的烦琐,我们将方程的解限制为 $t > 1$,即我们将渲染投影平面前面的任何内容。

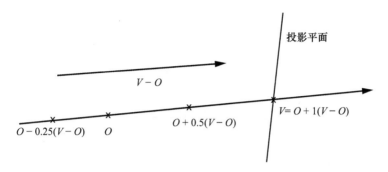

图2-9 参数空间中的一些点

另一方面,我们不想为 t 的值设置上限,我们希望看到相机前的所有物体,无论它们有多远。但是,因为在以后的阶段我们想要缩短射线段的长度,所以我们现在将引入这种形式,并给 t 一个 $+\infty$ 的上限(对于不能直接表示"无穷"的编程语言,一个非常大的数字就可以了)。

我们现在可以用一些伪代码来表示我们到目前为止所做的一切。一般来说,我们会假设代码可以访问它需要的任何数据,这样我们就不需要费心地显式传递诸如 canvas 之类的参数,而将重点放在真正必要的参数上。

main 函数现在如清单2-2所示。

清单2-2 main 函数

```
main() {
    O = (0,0,0)
    for x = -Cw/2 to Cw/2 {
        for y = -Ch/2 to Ch/2 {
            D = CanvasToViewport(x, y)
            color = TraceRay(O, D, 1, inf)
            canvas.PutPixel(x, y, color)
        }
    }
}
```

CanvasToViewport 函数非常简单,如清单2-3所示。常数 d 表示相机和投影平面之间的距离。

清单2-3 CanvasToViewport 函数

```
CanvasToViewport(x, y){
    return (x * Vw / Cw, y * Vh / Ch, d)
}
```

TraceRay 函数计算射线与每个球体的交点,如清单2-4所示,并且返回在 t 的取值范围内最近的交点处球体的颜色。

清单2-4 TraceRay 函数

```
TraceRay(O, D, t_min, t_max){
    closest_t = inf
    closest_sphere = NULL
    for sphere in scene.spheres {
        t1, t2 = IntersectRaySphere(O, D, sphere)
        if t1 in [t_min, t_max] and t1 < closest_t {
            closest_t = t1
            closest_sphere = sphere
        }
        if t2 in [t_min, t_max] and t2 < closest_t {
            closest_t = t2
            closest_sphere = sphere
        }
    }
    if closest_sphere == NULL {
        ①return BACKGROUND_COLOR
    }
    return closest_sphere.color
}
```

在清单2-4中,O表示射线的原点。虽然我们追踪的是相机的射线,它位于原点,但在后面的阶段不一定是这样,所以它必须是一个参数。这同样适用于 t_min 和 t_max。

请注意,当射线不与任何球体相交时,我们仍然需要返回一些颜色①——我在大多数示例中选择了背景色。

最后,用 IntersectRaySphere 函数求解这个一元二次方程,如清单2-5 所示。

清单2-5　IntersectRaySphere 函数

```
IntersectRaySphere(O, D, sphere){
    r = sphere.radius
    CO = O - sphere.center

    a = dot(D, D)
    b = 2*dot(CO, D)
    c = dot(CO, CO) - r*r

    discriminant = b*b - 4*a*c
    if discriminant < 0 {
        return inf, inf
    }

    t1 = (-b + sqrt(discriminant)) / (2*a)
    t2 = (-b - sqrt(discriminant)) / (2*a)
    return t1, t2
}
```

为了将这些付诸实践，我们需要定义一个非常简单的场景，如图2-10所示。

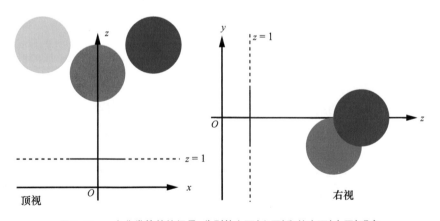

图2-10　一个非常简单的场景，分别从上面(左图)和从右面(右图)观察

在伪场景语言中，场景是像下面这样表示的。

```
viewport_size = 1 x 1
projection_plane_d = 1
```

```
sphere {
    center = (0, -1, 3)
    radius = 1
    color = (255, 0, 0)    #红色
}
sphere {
    center = (2, 0, 4)
    radius = 1
    color = (0, 0, 255)    #蓝色
}
sphere {
    center = (-2, 0, 4)
    radius = 1
    color = (0, 255, 0)    #绿色
}
```

当我们在这个场景上运行我们的算法时,我们最终得到了一个非常棒的光线追踪渲染场景,如图2-11所示。

你可以在本书附件的/cgfs/basic-rays-demo目录下面找到该算法的实时实现,双击Basic raytracing demo.html文件或者用浏览器打开该文件即可。

图2-11 一个非常棒的光线追踪渲染场景

我知道,这一效果有点儿令人失望,不是吗?反射、阴影和高光效果去哪里啦?别担心,我们会实现这些的。这是个很好的开端。这些球体看起来像圆形,这总比它们看起来像猫要好。它们看起来不太像球体的原因是,缺少了人类如何决定物体形状的一个关键组成部分:物体与光的相互作用方式。我们将在第3章讨论这个问题。

2.6 总结

在本章中,我们已经奠定了光线追踪渲染器的基础。我们选择了一套固定的设置(相机和视口的位置和方位,以及视口的大小);我们选择了球体和射线的表示方法;我们探索了必要的数学知识来弄清楚球体和射线如何相交;我们把这些都放在一起,从而可以用纯色在画布上绘制球体。

接下来的章节将在此基础上,对光与场景中物体的交互方式进行更详细的建模。

第 **3** 章

光

我们将通过引入光开始为场景渲染添加"真实感"。光是一个庞大而复杂的主题，因此我们将提出一个简化的模型，它足以达到我们的目的。这个模型的大部分灵感来自现实世界中光的作用方式，但它也需要一些自由发挥的部分，目的是使渲染的场景看起来更好。

我们将从一些简化的假设开始，这将使我们的工作更轻松，然后我们将介绍3种类型的光源：点光（point light）、方向光（directional light）[1]和环境光（ambient light）。我们将通过讨论这些光源如何影响物体的表面来结束本章，包括漫反射和镜面反射。

1　directional light，此处译为方向光，也经常被翻译为平行光或者定向光。——译者注

3.1 简化的假设

让我们做一些假设,让事情变得更简单。首先,我们假设所有的光都是白色的。这让我们可以使用单个实数 i 来表征任何光,i 源于光的强度(intensity)。模拟彩色光并不那么复杂(我们只需要使用 3 个强度值——每个颜色通道一个——并按照通道来计算所有颜色和光照),但我们这里依然使用白光从而保证事情可以简单一点儿。

其次,我们将忽略空气。在现实生活中,光源离得越远,看起来就越暗,这是因为空气中飘浮的粒子会在光线穿过它们时吸收部分光。虽然这在光线追踪渲染器中实现起来并不复杂,但我们为了保证事情简单一点儿,将忽略空气的影响。在我们的场景中,距离并不会降低光的强度。

3.2 光源

光必须来自某个地方。在本节中,我们将定义 3 种不同类型的光源。

3.2.1 点光

点光从 3D 空间中的一个固定的点发射光,这个点被称为点光源的位置。点光源向每个方向均匀地发射光,这就是它也被称为全向光(omnidirectional light)的原因。因此,点光可以完全用位置和强度来描述。

灯泡是点光在现实生活中的一个很好的例子。虽然现实生活中的灯泡并不是从单个点发出光,也不是完全全方向的,但它是一个相当准确的例子。

我们定义向量 L 作为从场景中的点 P 到光源 Q 的方向。我们可以计算这个向量,称其为光向量(light vector),即 $Q - P$。需要注意的是,由于 Q 是固定的,P 可以是场景中的任何点,因此 L 对于场景中的每个点都是不同的,如图 3-1 所示。

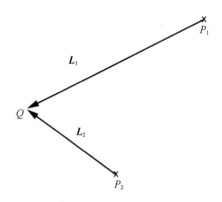

图 3-1　位于 Q 的点光。向量 L 对于每个点 P 都是不同的

3.2.2　方向光

如果灯泡是点光的一个很好的例子,太阳是否也可以作为点光的例子呢?

这是一个棘手的问题,答案取决于我们试图渲染的内容。在太阳系这样的尺度上,太阳可以近似为点光。毕竟它是从一个点发射光的,而且是向四面八方发射光的,所以这似乎是合理的。

然而,如果我们的场景代表地球上发生的事情,太阳就不可以近似为点光。太阳是如此遥远,以至于到达我们身边的每一束光线几乎都具有相同的方向。我们可以用一个离场景中的物体非常遥远的点光来近似表示太阳。然而,光源和物体之间的距离会比物体之间的距离大几个数量级,所以我们会遇到数值精度误差。

为了更好地处理这些情况,我们定义了方向光。和点光一样,方向光也有强度,但不同的是,它没有位置;相反,它有一个固定的方向。你可以把它想象成位于特定的方向上而且无限远的点光。

在点光的情况下,我们需要为场景中的每个点 P 计算不同的光向量 L,在方向光的情况下,L 是给定的。在太阳到地球的场景示例中,L 将会是(太阳中心)-(地球中心)。图 3-2 为方向光的示例。

正如我们在图 3-2 中看到的,方向光的光向量对于场景中的每个点都是相同的。与图 3-1 相比,图 3-1 中点光的光向量对于场景中的每个点都是不同的。

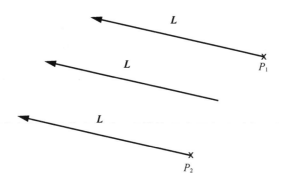

图3-2　方向光。向量L对于每个点P都是相同的

3.2.3　环境光

现实生活中的每个光源都可以被建模为点光或方向光吗？差不多如此。这两种光源是否足以照亮一个场景？不幸的是不能。

想想月球所发生的事情。月球附近唯一重要的光源是太阳。所以相对于太阳而言，月球的"前半部分"得到了几乎所有的光，而"后半部分"则几乎完全处于黑暗之中。我们从地球的不同角度观察这一现象，形成了我们所说的"月相"。

然而，在地球上的情况有些不同。即使没有直接接收光源光线的点也不会完全处于黑暗中(看看你椅子下面的地板就知道了)。如果光源的"视野"被其他东西阻挡，光线如何到达这些点呢？

正如"1.2　颜色模型"中提到的，当光照射到一个物体上时，它的一部分被吸收，但其余的光会散射回场景中。这意味着光不仅可以来自光源，也可以来自从光源获得光并将其部分散射回场景的物体。但会止步于此吗？散射的光会反过来照射到其他物体，一部分会被吸收，一部分会被散射回场景。以此类推，直到原始光的所有能量都被场景中的物体表面吸收。

这意味着我们应该把每个物体当作光源。可以想象，这会给我们的模型增加很多复杂性，所以我们不会在本书中探讨这种机制。如果你好奇，可以搜索全局光照(global illumination)，你一定会惊叹于它生成的漂亮渲染效果。

但我们仍然不希望每个物体被直接照亮或者完全黑暗(除非我们实际上是在

渲染一个太阳系的模型)。为了突破这一限制,我们将定义第三种光源,称为环境光,它只以其强度为特征。我们将声明环境光为场景中的每个点贡献一些光,不管它在哪里。这是对光源和场景中物体表面之间非常复杂的交互过程的一种粗略简化,但它的效果还不错。

一般来说,一个场景会有单个环境光(因为环境光只有一个强度值,任意数量的环境光都可以简单地组合成一个环境光)和任意数量的点光及方向光。

3.3 单点光照

现在我们知道了如何定义场景中的光源,我们需要弄清楚光源如何与场景中物体的表面相互作用。

为了计算单个点的光照,我们将计算每个光源贡献的光,并将它们加在一起,得到一个代表该点接收到的光的总量的数字。然后我们可以用这个总量乘物体表面在该点的颜色,从而获得该点的着色颜色,用以代表该点接收了多少光。

那么,当一束光线(无论是来自方向光还是来自点光)照射到场景中某个物体上的某个点时会发生什么?

我们可以根据物体反射光的方式直观地将物体分为两大类:"哑光"和"闪亮"物体。由于我们周围的大多数物体都可以归类为哑光物体,因此我们将首先关注这一组。

3.4 漫反射

当一束光线照射到一个哑光物体上时,光线会沿着每个方向均匀地散射回场景中,这个过程叫作漫反射(diffuse reflection),这就是使哑光物体看起来无光泽的原因。

为了验证这一点,看看你周围的一些哑光物体,比如一堵墙。如果你相对于墙壁移动,它的颜色不会改变。也就是说,无论你从哪里看,你看到的物体反射的光都是一样的。

另一方面,反射的光的数量取决于光线和物体表面之间的角度。直观地看,这是因为光线所携带的能量必须根据角度分散在更小或更大的区域上,所以单位面积上反射到场景的能量分别更高或更低,如图3-3所示。

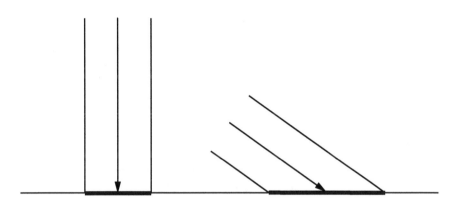

图3-3　一束光线的能量根据它与物体表面的角度不同而分布在不同大小的区域

在图3-3中,我们可以看到相同强度(用相同宽度表示)的两束光线分别以垂直方向以及一定角度照射在一个表面上。光线所携带的能量在它们照射到的区域均匀地分布。图中右侧光线的能量分布的区域比左侧光线的能量分布的区域更大,因此右侧区域中的每个点接收的能量都比左侧的情况少。

为了从数学上探讨这个问题,让我们用法向量(normal vector)来描述物体表面的方位。物体表面点 P 处的法向量(或者简称法线)是一个在点 P 处垂直于物体表面的向量。它也是一个单位向量,意味着它的长度是1。我们称法向量为 N。

3.4.1　对漫反射的建模

方向为 L 且强度为 I 的光线照射到法线为 N 的表面上。作为 I、N 和 L 的函数,I 的哪一部分被反射回场景呢?

作为一个几何类比,我们用光线的"宽度"来表示光的强度。它的能量分布在大小为 A 的表面上。当 N 和 L 方向相同,也就是光线垂直于表面时,那么 $I = A$,这意味着每单位面积反射的能量与每单位面积入射的能量相同：$\frac{I}{A}=1$。另一方面，随着 N 和 L 之间的夹角趋于 $90°$，A 趋于 ∞，因此单位面积的能量趋于 0，也就是 $\lim\limits_{A\to\infty}\frac{I}{A}=0$。但是如果条件在这两种情况之间，会发生什么呢？

这种情况如图 3-4 所示。我们知道了 N、L 和 P，图中添加了角度 α 和 β，以及点 Q、R 和 S，以便更轻松地讨论图中的几何关系。

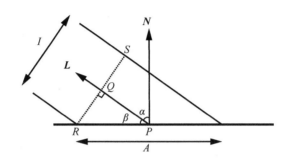

图 3-4　漫反射计算中涉及的向量和角度

因为从技术上讲，一束光线是没有宽度的，所以我们可以假设一切都发生在表面上一个平坦的、无限小的方块上。即使它是一个球体的表面，我们考虑的面积无穷小，以至于与球体的大小相比它几乎是平的，就像地球在小尺度下看起来是平的一样。

宽度为 I 的光线以角度 β 照射到物体表面上的 P 处。P 处的法线为 N，光线所携带的能量分布在面积 A 上。我们需要计算 $\frac{I}{A}$。

考虑线段 RS，也就是光线的"宽度"。根据定义，它垂直于向量 L，这也是线段 PQ 的方向。因此，PQ 和 QR 构成一个直角，使 $\triangle PQR$ 成为一个直角三角形。

三角形 PQR 的一个角是 $90°$，另一个角是 β。因此剩下的角是 $90°-\beta$。但是要注意 N 和 PR 也形成一个直角，这意味着 $\alpha+\beta$ 也是 $90°$。因此 $\angle QRP=\alpha$。

我们来关注一下 $\triangle PQR$，如图 3-5 所示。它的 3 个角分别是 α、β 和 $90°$。侧边 QR 的长度是 $\frac{I}{2}$，侧边 PR 的长度是 $\frac{A}{2}$。

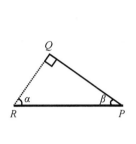
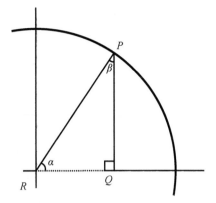

图 3-5　三角函数中的 △PQR

现在,我们需要三角函数了! 根据定义,$\cos(\alpha) = \dfrac{QR}{PR}$。我们用 $\dfrac{I}{2}$ 替换 QR,用 $\dfrac{A}{2}$ 替换 PR,这样我们可以得到下面的方程。

$$\cos(\alpha) = \frac{\dfrac{I}{2}}{\dfrac{A}{2}}$$

可以变换成下面这样。

$$\cos(\alpha) = \frac{I}{A}$$

我们马上就要得到最终结果了。α 是向量 $\boldsymbol{N}$ 和 $\boldsymbol{L}$ 的夹角。我们可以利用点积的性质(可参阅附录)将 $\cos(\alpha)$ 表示为下面这样。

$$\cos(\alpha) = \frac{\boldsymbol{N} \cdot \boldsymbol{L}}{|\boldsymbol{N}||\boldsymbol{L}|}$$

最终我们可以得到如下方程。

$$\frac{I}{A} = \frac{\boldsymbol{N} \cdot \boldsymbol{L}}{|\boldsymbol{N}||\boldsymbol{L}|}$$

我们得到一个简化的方程,该方程给出了反射光的比例,这一比例是物体表面法线和光线方向之间夹角的函数。

请注意,对于超过90°的角度,$\cos(\alpha)$的值变为负值。如果我们盲目地使用这个值,我们最终可能会得到一个使表面变暗的光源!这没有任何物理意义。超过90°的角度仅仅意味着光线实际上照亮了物体表面的背面,它不会为我们要照亮的点贡献任何光线。因此,如果$\cos(\alpha)$值为负数,我们需要将其视为0。

3.4.2 漫反射方程

我们现在可以编写一个方程来计算场景中点P所接收到的全部光线,已知该点的法线为N,其所在的场景包含一个环境光(强度为I_A),以及n个点光或者方向光。第n个点光或者方向光的强度为I_n,光向量为L_n(对于方向光,它是已知的;对于点光,则需要为每个点P单独计算)。这个方程如下。

$$I_P = I_A + \sum_{i=1}^{n} I_i \frac{N \cdot L_i}{|N||L_i|}$$

这里我们需要重复指出,在利用上述方程计算每个光源的贡献值时,如果$N \cdot L_i < 0$,则这一项忽略,不被添加到最终的光照计算结果中。

3.4.3 球体的法线

只有一个小细节被遗漏了:法线从何而来? 这是一个很普遍的问题,但这个问题的答案远比它看起来要复杂得多,我们将在本书的第二部分看到详细解答。幸运的是,现在我们只讨论球体,对于球体而言,有一个很简单的答案:球体上任何一点的法向量都在穿过球心的直线上。如图3-6所示,如果球心为C,P点处法线的方向为$P - C$。

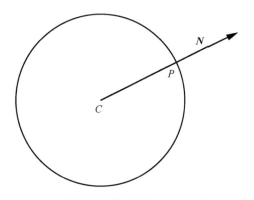

图3-6 球体在P点的法线方向与CP方向相同

为什么这里是"法线方向"而不是"法线"呢? 法向量需要垂直于表面,但它的长度也需要是1。为了将这个向量归一化(normalize)并将其转化成真正的法线,我们需要将它除以它自己的长度,从而保证结果的长度为1,计算过程如下所示。

$$N = \frac{P - C}{|P - C|}$$

3.4.4 漫反射的渲染

让我们将上面这些讨论内容转换为伪代码。首先,让我们在场景中添加几个光源。

```
light {
    type = ambient
    intensity = 0.2
}
light {
    type = point
    intensity = 0.6
    position = (2, 1, 0)
}
light {
    type = directional
    intensity = 0.2
    direction = (1, 4, 4)
}
```

需要注意的是,所有光源的强度加起来刚好为1.0。光照方程的工作方式可以确保场景中任意点接收到的光照强度都不会大于该值。这意味着我们不会有任何"过度曝光"的点。

光照方程可以很容易地被转换成伪代码,如清单3-1所示。

清单3-1 一个计算漫反射光照的函数

```
ComputeLighting(P, N) {
    i = 0.0
    for light in scene.Lights {
        if light.type == ambient {
            ①i += light.intensity
        } else {
            if light.type == point {
                ②L = light.position - P
```

```
        | else |
            ③L = light.direction
        |
        n_dot_l = dot(N, L)
        ④if n_dot_l > 0 |
            ⑤i += light.intensity * n_dot_l / (length(N) * length(L))
        |
    |
  |
  return i
|
```

在清单 3-1 中，我们以略微不同的方式处理这 3 种类型的光源。环境光是最简单的，可以直接处理①。点光和方向光共享大部分代码，尤其是强度计算⑤，但是方向向量的计算方式是不同的（②和③），取决于它们的类型。④中的条件判断确保我们不会添加负值，正如我们之前讨论的那样，负值代表照亮物体表面的背面的光源。

余下唯一一件要做的事情就是在函数 TraceRay 中使用函数 ComputeLighting。我们需要将原来返回球体颜色的这一行伪代码替换掉。

```
return closest_sphere.color
```

将其替换为以下的伪代码段。

```
P = O + closest_t * D // 计算交点
N = P - closest_sphere.center // 计算交点处的球面法线
N = N / length(N)
return closest_sphere.color * ComputeLighting(P, N)
```

为了让场景变得更有趣，我们添加一个很大的黄色球体，如下所示。

```
sphere |
    color = (255, 255, 0) // 黄色
    center = (0, -5001, 0)
    radius = 5000
|
```

此时我们再运行渲染器，渲染的图形现在开始看起来像球体了，如图 3-7 所示！

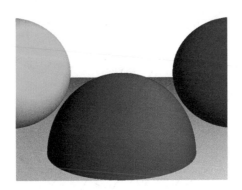

图 3-7　漫反射为场景增添了深度感和体积感

你可以在本书附件的/cgfs/diffuse-demo 目录下面找到该算法的实时实现，双击 Diffuse reflection demo.html 文件或者用浏览器打开该文件即可。

但是等等，黄色的球体怎么变成平坦的黄色地板了呢？它没有。与其他 3 个球体相比，它是如此之大，而且相机离它如此之近，以至于它看起来是平的——就像我们站在地球上时，地球表面看起来是平的一样。

3.5　镜面反射

让我们把注意力转向闪亮的物体。与哑光物体不同，闪亮物体的视觉效果会因你的视线位置不同而略有不同。

想象一个台球或一辆刚从洗车场出来的汽车。这类物体表现出非常独特的光图案，通常是亮点，似乎会随着你在它们周围移动而移动。与哑光物体不同，你感知这些闪亮物体表面的方式实际上取决于你的视角。

请注意，如果你绕着一个红色的台球走，它仍然是红色的，但是让它看起来闪闪发光的亮白点会随着你的移动而移动。这表明我们想要建模的新效果并没有取代漫反射，而是补充了漫反射。

为了理解为什么会发生这种情况，让我们仔细看看物体表面是如何反射光的。

正如我们在3.4节所看到的,当一束光线照射到哑光物体的表面时,它会在每个方向上均匀地散射回场景。这是因为物体的表面是不规则的,所以在微观层面上,哑光物体的表面就像一组指向随机方向的微小平面,如图3-8所示。

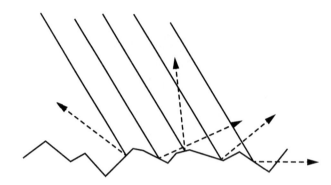

图3-8　通过显微镜观察粗糙的哑光物体表面。入射光以随机方向反射

但如果表面不是那么不规则呢?让我们走向一个极端:一面"完美抛光"的镜子。当一束光线照射到镜子上时,它会向同一个方向反射。如果我们称反射光的方向为R,并且按照约定L指向光源[1],图3-9说明了这种情况。

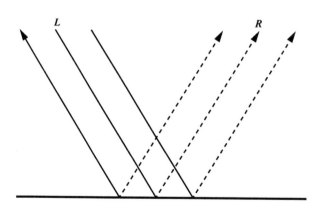

图3-9　一面镜子反射的光线

1　此处L的方向是正确的。在计算机图形学中,除非特殊说明,光源方向都是从场景中任意一点指向光源的方向,与物理中入射光的方向相反,是为了方便后续光照模型中的计算。——译者注

　　根据表面的"抛光程度"，闪亮物体的表面或多或少像一面镜子，这就是为什么它被称为镜面反射（specular reflection），specular这个词来源于拉丁文"speculum"，意思是"镜子"。

　　对于完美抛光的镜子，入射光线 *L* 会沿着单一的方向 *R* 被反射。这就是你可以非常清楚地看到反射物体的原因：对于每一束入射光线 *L*，都有一束单一的反射光线 *R*。但是并非每一个物体都是经过完美抛光的。尽管大部分光线会沿着 *R* 的方向被反射，但是总有一部分光线会沿着接近 *R* 的方向被反射。越是接近 *R*，该方向反射的光线越多，如图3-10所示。当反射光线远离 *R* 方向时，物体的"光泽度"（shininess）决定了反射光线衰减的程度。

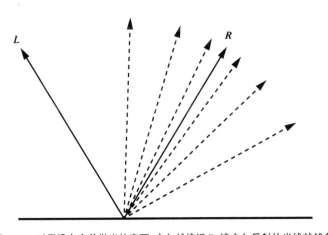

图3-10　对于没有完美抛光的表面，方向越接近 *R*，该方向反射的光线就越多

　　我们想要知道有多少来自 *L* 的光被反射回我们的视野方向。如果 *V* 表示从点 *P* 指向相机的"视线向量"，α 是向量 *R* 与 *V* 之间的夹角，我们得到图3-11。

　　对于 $\alpha = 0°$，所有的光都反射到 *V* 的方向。对于 $\alpha = 90°$，没有光被反射到 *V* 的方向。就像漫反射一样，我们需要一个数学表达式来确定 α 取中间值时会发生什么。

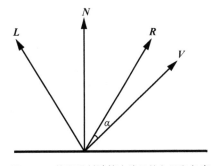

图3-11　镜面反射计算中涉及的向量和角度

3.5.1 对镜面反射的建模

在本章的开头,我就提到过有一些模型不是基于物理的模型,本小节所使用的模型便是其中之一。接下来要介绍的模型是根据人们的主观意愿设计的,但之所以使用它是因为它,易于计算并且看起来效果不错。

我们来考虑三角函数$\cos(\alpha)$。它具有以下性质,$\cos(0°)=1$和$\cos(\pm 90°)=0$。这正如我们需要的那样。而且从$0°$到$90°$,其数值逐渐变小,可绘制一条平滑的曲线,如图3-12所示。

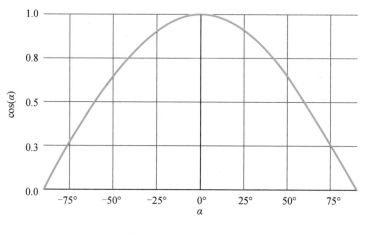

图3-12　$\cos(\alpha)$的图像

这意味着$\cos(\alpha)$符合我们对镜面反射函数的所有要求,那么为什么不使用它呢?

还有一个细节。如果我们直接用这个公式,每个物体的光泽效果都是一样的。我们应该如何调整这个公式来代表不同程度的光泽效果呢?

请记住,光泽度用于衡量反射函数随着α增加而衰减的程度。获得不同光泽度曲线的一种简单方法是计算$\cos(\alpha)$对某些正指数s的幂。由于$0 \leqslant \cos(\alpha) \leqslant 1$,我们可以保证$0 \leqslant \cos(\alpha)^s \leqslant 1$,所以$\cos(\alpha)^s$的图像就像$\cos(\alpha)$的图像一样,只是"更窄"了。图3-13显示了$s$取不同值时$\cos(\alpha)^s$的图像。

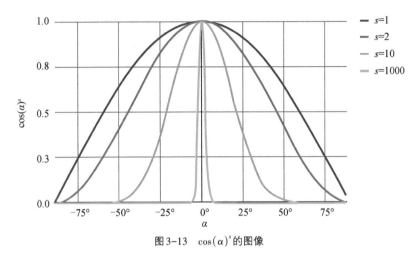

图 3-13 $\cos(\alpha)^s$ 的图像

  s 的值越大,函数在 $0°$ 附近变得越"窄",物体看起来越闪亮。s 称为镜面反射指数(specular exponent),它是物体表面的一个属性。由于这个模型不是基于物理的,s 的值只能通过试错法反复试验来确定——本质上,就是调整这些值直到它们看起来"正确"。对于基于物理的模型,你可以查看双向反射函数(bidirectional reflectance function,BDRF)的相关资料[1]。

  让我们来做一个总结。一束光线从方向 L 照射到表面的点 P 处,该表面的镜面反射指数为 s,该点的法线为 N。有多少光会沿着视线方向 V 被反射呢?

  根据我们的光照模型,这个值是 $\cos(\alpha)^s$,其中 α 是向量 V 与 R 的夹角;向量 R 是向量 L 以法向量 N 为基准经过反射获得的。所以第一步就是通过 N 和 L 计算 R。

  我们可以将 L 分解成两个向量——L_P 和 L_N,使 $L = L_N + L_P$,其中 L_N 平行于 N,L_P 垂直于 N,如图 3-14 所示。

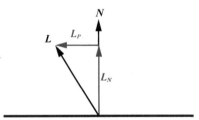

图 3-14 将 L 分解为 L_P 和 L_N 两个分量

  向量 L_N 是 L 在 N 上面的投影。根据点积的性质和 $|N| = 1$ 这一事实,这个投影的长度为 $N \cdot L$。我们定义 L_N 平行于 N,因此 $L_N = N(N \cdot L)$。

---

1 现在更倾向于使用双向反射分布函数(bidirectional reflection distribution function,BRDF)的定义方法。——译者注

由于 $L = L_P + L_N$，我们可以立即得到 $L_P = L - L_N = L - N(N \cdot L)$。

现在我们来看 R。由于它与 L 相对 N
对称，因此它平行于 N 的分量与 L 平行于 N
的分量相同，它垂直于 N 的分量与 L 垂直于
N 的分量相反，即 $R = L_N - L_P$。我们可以
在图 3-15 中看到这一情况。

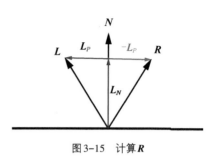

图 3-15　计算 R

用我们前文找到的表达式替换，我们
可以得到下面的方程。

$$R = N(N \cdot L) - L + N(N \cdot L)$$

然后我们稍微简化一下，得到下面的方程。

$$R = 2N(N \cdot L) - L$$

3.5.2　镜面反射的计算项

现在我们已经准备好写一个镜面反射方程了，如下所示。

$$R = 2N(N \cdot L) - L$$

$$I_S = I_L \left(\frac{R \cdot V}{|R||V|} \right)^s$$

与之前漫反射光照计算一样，$\cos(\alpha)$ 有可能是负的，我们应该出于与之前相同
的原因把它忽略掉。此外，并非每一个物体都必须有光泽，对于哑光物体，镜面反
射项根本不应该计算。我们需要在场景中注意这一点，需要将它们的镜面反射指
数设置为 -1 并且进行相应的处理。

3.5.3　完整的光照方程

我们可以将镜面反射项添加到我们一直在开发的光照方程中，并得到一个在
某一点的光照计算表达式，如下所示。

$$I_P = I_A + \sum_{i=1}^{n} I_i \cdot \left[\frac{N \cdot L_i}{|N||L_i|} + \left(\frac{R_i \cdot V}{|R_i||V|} \right)^s \right]$$

其中,I_P是点P处的总光照度,I_A是环境光的强度,N是表面在点P处的法线,V是从点P到相机的视线向量,s是物体表面的镜面反射指数(也被称为光泽度指数),I_i是光源i的强度,L_i是从点P到光源i的光线向量,R_i是光源i在点P处的反射向量。

3.5.4 镜面反射的渲染

让我们将镜面反射添加到我们迄今为止一直在处理的场景中。首先,我们对场景本身做一些改变。

```
sphere {
    center = (0, -1, 3)
    radius = 1
    color = (255, 0, 0)  # 红色
    specular = 500 # 闪亮
}
sphere {
    center = (2, 0, 4)
    radius = 1
    color = (0, 0, 255)  # 蓝色
    specular = 500 # 闪亮
}
sphere {
    center = (-2, 0, 4)
    radius = 1
    color = (0, 255, 0)  # 绿色
    specular = 10 # 略微闪亮
}
sphere {
    center = (0, -5001, 0)
    radius = 5000
    color = (255, 255, 0) # 黄色
    specular = 1000 # 异常闪亮
}
```

这和之前的场景是一样的,只是在球体定义中增加了镜面反射指数。

在代码层面,我们需要在必要时更改ComputeLighting,从而计算镜面反射项,并将其添加到整体光照中。请注意,该函数现在需要V和s,如清单3-2所示。

清单3-2 支持漫反射和镜面反射的ComputeLighting函数

```
ComputeLighting(P, N, V, s) {
    i = 0.0
    for light in scene.Lights {
        if light.type == ambient {
            i += light.intensity
        } else {
            if light.type == point {
                L = light.position - P
            } else {
                L = light.direction
            }

            // 漫反射
            n_dot_l = dot(N, L)
            if n_dot_l > 0 {
                i += light.intensity * n_dot_l / (length(N) * length(L))
            }

            // 镜面反射
            ①if s ! = -1 {
                R = 2 * N * dot(N, L) - L
                r_dot_v = dot(R, V)
                ②if r_dot_v > 0 {
                    i += light.intensity * pow(r_dot_v / (length(R) *
                    length(V)), s)
                }
            }
        }
    }
    return i
}
```

大部分代码保持不变,但我们添加了一个代码片段来处理镜面反射。我们要确保它只适用于闪亮的物体①,并且还要确保不会添加负的光照强度②,就像我们对漫反射所做的一样。

最后,我们需要修改 TraceRay,将新的参数传递给 ComputeLighting。参数s很简单,它直接来自场景定义。但是参数V来自哪里呢?

参数V表示从物体指向相机的向量。幸运的是,在TraceRay中我们已经有了一个表示从相机指向物体的向量的参数,也就是参数D(我们正在追踪的射线方向)!所以V就是-D。

清单3-3给出了具有镜面反射的新的TraceRay。

清单3-3 带镜面反射的TraceRay函数

```
TraceRay(O, D, t_min, t_max){
    closest_t = inf
    closest_sphere = NULL
    for sphere in scene.Spheres {
        t1, t2 = IntersectRaySphere(O, D, sphere)
        if t1 in [t_min, t_max] and t1 < closest_t {
            closest_t = t1
            closest_sphere = sphere
        }
        if t2 in [t_min, t_max] and t2 < closest_t {
            closest_t = t2
            closest_sphere = sphere
        }
    }
    if closest_sphere == NULL {
        return BACKGROUND_COLOR
    }

    P = O + closest_t * D // 计算交点
    N = P - closest_sphere.center // 计算交点处的球面法线
    N = N / length(N)
    ①return closest_sphere.color * ComputeLighting(P, N, -D, closest_sphere.
specular)
}
```

颜色计算①比看起来要复杂一些。请记住,颜色值必须按照通道相乘,并且结果必须限制在通道范围内(在我们的示例中,通道范围是[0, 255])。尽管在上述示例场景中,我们可以确保所有光源的光照强度加起来为1.0,但是现在我们添加了镜面反射项,最终计算值可能会超出这个范围。

我们可以在图 3-16 中看到所有向量经过合理安排所产生的渲染效果。

你可以在本书附件的/cgfs/specular-demo 目录下面找到该算法的实时实现,双击 Specular reflection demo.html 文件或者用浏览器打开该文件即可。

请注意,在图 3-16 中,镜面反射指数为 500 的红色球体比镜面反射指数为 10 的绿色球体具有更集中的亮点,正如预期的那样。蓝色球体的镜面反射指数也为 500,但没有可见的亮点。这是由图像裁剪和光源在场景中的位置决定的;事实上,红色球体的左半部分也没有表现出任何镜面反射。

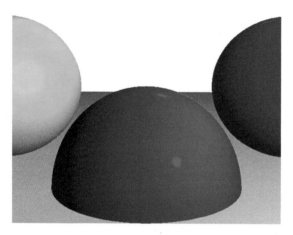

图 3-16　使用环境光、漫反射和镜面反射渲染的场景。我们不仅能感受到深度感和体积感,而且每个表面的外观也略有不同

3.6　总结

在本章中,我们使用了在第 2 章中开发的非常简单的光线追踪渲染器,赋予它对光源进行建模的能力,并给出了它与场景中的物体交互的方式。

我们将光源分为 3 种类型:点光、方向光和环境光。我们探讨了它们如何代表你可以在现实生活中找到的不同类型的光源,以及如何在我们的场景定义中描述它们。

　　然后我们将注意力转向场景中物体的表面,将它们分为两种类型:哑光和闪亮。我们讨论了光线如何与它们相互作用,并开发了两种模型——漫反射和镜面反射——来计算它们向相机反射了多少光。

　　最终的结果是一个更加真实的场景:我们现在看到的不仅仅是物体的轮廓,还能真正感受到深度感和体积感,以及对构成物体的材质的感觉。

　　但是,我们缺少场景的一个基本方面:阴影。这是第4章的重点。

第 **4** 章

阴影和反射

我们继续以越来越逼真的方式渲染场景。在第3章中，我们模拟了光线与物体表面相互作用的方式。在本章中，我们将对光线与场景交互方式的两个方面进行建模：物体投射阴影和物体反射到其他物体上。

4.1 阴影

哪里有光和物体，哪里就有阴影。现在我们的场景中已经有了光和物体。那么我们的阴影在哪里呢？

4.1.1 理解阴影

让我们从一个更基本的问题开始。为什么会有阴影？当光线因为其他物体挡住去路而无法照射到物体时,就会出现阴影。

在第3章中,我们只关注了光源和物体表面之间非常局部的交互,而忽略了场景中发生的其他一切。为了产生阴影,我们需要更全面地考虑光源、我们想要绘制的表面和场景中其他物体之间的相互作用。

从概念上讲,我们想要做的事情相当简单。我们想添加一点儿逻辑,即"如果要渲染的点和光源之间有物体遮挡,则不要添加来自该光源的光照"。

我们要区分的两种情况如图4-1所示。

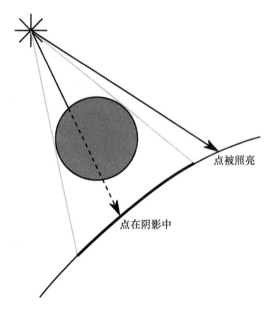

图4-1 当点和光源之间有物体遮挡时,阴影就会投射到该点上

事实证明,我们已经拥有了完成这项工作所需的所有工具。让我们从方向光开始。我们知道点 P,这就是我们感兴趣的点。我们知道 L,这是光源定义中的一部分。知道了 P 和 L,我们可以定义一条射线,即 $P + tL$,它从表面上的点出发延伸到无限远的光源处。这条射线是否与任何其他物体相交?如果不是,那么点和光源之间就没有任何物体,所以我们像以前一样计算这个光源的光照。如果是,则该点处于阴影中,因此我们忽略来自该光源的光照。

我们已经知道了如何计算射线和球体之间最近的交点:用 TraceRay 函数来

跟踪来自相机的射线。我们可以重复使用其中的大部分逻辑来计算光线与场景其余部分之间最近的交点。

不过,这个函数的参数略有不同,如下所示。

● 射线不是从相机出发,而是从 P 出发。

● 射线的方向不是 $V - O$ 而是 $\boldsymbol{L}$。

● 我们不希望 P 后面的物体投射阴影到它上面,所以我们需要 $t_{min} = 0$。

● 由于我们处理的是方向光,它是无限远的,因此非常遥远的物体仍然会在 P 上投下阴影,所以 $t_{max} = +\infty$。

图 4-2 显示了两个点, P_0 和 P_1。当沿着光源的方向从 P_0 追踪一条射线时,我们发现它没有与任何物体相交,这意味着光可以到达 P_0,所以它上面没有阴影。在 P_1 的例子中,我们在射线和球体之间找到两个交点,并且 $t > 0$(意味着交点在物体表面和光源之间),因此,该点在阴影中。

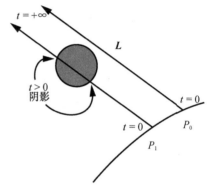

图 4-2 球体的阴影覆盖 P_1,但没有覆盖 P_0

我们可以用非常相似的方式处理点光,但有两个例外条件。首先,$\boldsymbol{L}$ 不是常数,但我们已经知道如何用点 P 和光源的位置来计算它。其次,我们不希望比光源还遥远的物体能够在点 P 上投下阴影,所以在这种情况下,我们需要 $t_{max} = 1$,以便追踪的射线在光源处就"停止"。

图 4-3 显示了这些情况。当我们从点 P_0 向方向 $\boldsymbol{L}_0$ 发射一条射线时,我们找到了与小球体的交点,但是,这种情况下参数 $t > 1$,这意味着它不在光源和 P_0 之间,所以我们忽略它。因此 P_0 不在阴影中。另一方面,来自点 P_1 且方向为 $\boldsymbol{L}_1$ 的射线与大球体相交,此时 $0 < t < 1$,因此该球体在 P_1 上投下了阴影。

这里我们需要考虑一个边界情况。考虑射线 $P + t\boldsymbol{L}$。如果我们寻找从 $t_{min} = 0$ 开始的交点,我们会在 P 本身找到一个!我们知道点 P 在球体上,所以对于 $t = 0$,有 $P + 0\boldsymbol{L} = P$;换句话说,每一个点都在它自己身上投下了阴影!

最简单的解决方法是将 t_{min} 设置为一个非常小的值 ϵ 而不是 0。从几何上来说，我们的意思是，我们希望射线从 P 点所在表面上方偏移一点点发射出来，而不是刚刚好从 P 点发射出来。因此对于方向光来说，t 的取值范围是 $[\epsilon, +\infty]$；对于点光，范围是 $[\epsilon, 1]$。

可能大家会尝试通过另一种方法解决这个问题，也就是不计算射线和 P 点所属球体之间的交点。这种方法适用于球体，但不适用于形状更复杂的物体。例

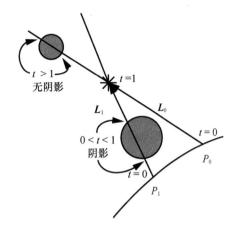

图 4-3　我们使用交点处的 t 值来确定它们是否在该点上投下了阴影

如，当你用手保护眼睛免受阳光照射时，你的手会在你的脸上投下阴影，而这两个物体表面是相同物体的一部分——你的身体。

4.1.2　包含阴影的渲染

让我们把上面的讨论内容变成伪代码。

在之前的版本中，TraceRay 会计算射线与球体最近的一个交点，然后计算该交点上的光照。我们需要提取出计算最近交点的代码，因为我们想重用它来计算阴影，如清单 4-1 所示。

清单 4-1　计算最近的交点

```
ClosestIntersection(O, D, t_min, t_max) {
    closest_t = inf
    closest_sphere = NULL
    for sphere in scene.Spheres {
        t1, t2 = IntersectRaySphere(O, D, sphere)
        if t1 in [t_min, t_max] and t1 < closest_t {
            closest_t = t1
            closest_sphere = sphere
        }
        if t2 in [t_min, t_max] and t2 < closest_t {
```

```
        closest_t = t2
        closest_sphere = sphere
    }
  }
  return closest_sphere, closest_t
}
```

我们可以重写TraceRay来重用前文的函数,得到的版本要简化很多,如清单4-2所示。

清单4-2 拆分出ClosestIntersection后的一个简化版本的TraceRay

```
TraceRay(O, D, t_min, t_max) {
    closest_sphere, closest_t = ClosestIntersection(O, D, t_min, t_max)
    if closest_sphere == NULL {
        return BACKGROUND_COLOR
    }
    P = O + closest_t * D
    N = P - closest_sphere.center
    N = N / length(N)
    return closest_sphere. color * ComputeLighting (P, N, -D, closest_sphere.
specular)
}
```

然后,我们需要将阴影检测①添加到ComputeLighting中,如清单4-3所示。

清单4-3 支持阴影的ComputeLighting

```
ComputeLighting(P, N, V, s) {
    i = 0.0
    for light in scene.Lights {
        if light.type == ambient {
            i += light.intensity
        } else {
            if light.type == point {
                L = light.position - P
                t_max = 1
            } else {
                L = light.direction
                t_max = inf
            }

            // 阴影检测
```

```
①shadow_sphere, shadow_t = ClosestIntersection(P, L, 0.001,
                                               t_max)
if shadow_sphere ! = NULL {
    continue
}

// 漫反射
n_dot_l = dot(N, L)
if n_dot_l > 0 {
    i += light.intensity * n_dot_l / (length(N) * length(L))
}

// 镜面反射
if s ! = -1 {
    R = 2 * N * dot(N, L) - L
    r_dot_v = dot(R, V)
    if r_dot_v > 0 {
        i += light.intensity * pow(r_dot_v / (length (R) *
        length(V)), s)
    }
}
    }
}
    return i
}
```

图4-4显示了新渲染的场景。

图4-4　光线追踪渲染的场景,现在有阴影了

你叫以在本书附件的/cgfs/shadows-demo目录下面找到该算法的实时实现,双击Shadows demo.html文件或者用浏览器打开该文件即可。在此演示中,你可以选择是从$t=0$还是从$t=\epsilon$开始追踪光线,以便更清楚地了解它们之间的差异。

现在我们已经有一些进展了。场景中的物体以更真实的方式相互作用,互相投射阴影。接下来,我们将探索更多物体之间的交互,即物体反射其他物体。

4.2　反射

在第3章中,我们讨论了"像镜面一样"的表面,但第3章中我们只是给了物体一个闪亮的外观。我们能否拥有看起来像真正镜子的物体？也就是说,我们能看到反射在它们表面上的其他物体吗？答案是能。事实上在光线追踪渲染器中做到这一点非常简单,但当你第一次看到它是如何实现的时候,你可能会感到难以理解。

4.2.1　镜子和反射

让我们看看镜子是如何工作的。当你看镜子时,你看到的是从镜面反射回来的光线。光线相对镜面法线对称反射,如图4-5所示。

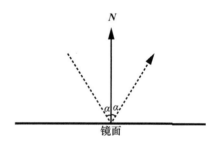

图4-5　一束光线从镜面反射到
与镜面法线对称的方向

假设我们正在追踪一条射线,而最近的交点恰好在一面镜子上。这束光是什么颜色的？不是镜子本身的颜色,因为我们看到的是被反射的光线。所以我们需要弄清楚这束光线是从哪里来的,是什么颜色的。我们要做的就是计算被反射光线的方向并计算出来自那个方向的光线的颜色。

如果我们有一个函数,给定一束光线,返回来自此方向的光线的颜色。

等一下！我们确实有一个,它叫作 TraceRay！

在主循环中,对于每个像素,我们创建一条从相机到场景的光线,并调用

`TraceRay`来确定相机在该方向"看到"的颜色。如果`TraceRay`确定相机看到的是一面镜子,它只需要计算被反射的光线的方向,并计算出来自那个方向的光线的颜色。它必须调用它本身(指的是递归调用)。

此时,我建议你再次阅读上面几段关于递归光线追踪的内容,直到你明白为止。如果这是你第一次阅读有关递归光线追踪的内容,可能需要多读几遍并摸索一下,直到你真正理解它。

快去吧,我会在这里等你真正理解上面的内容。当你阅读上面的内容不再有欣喜若狂的感觉的时候,我们就可以正式开始下面的学习了。

当我们设计递归算法(自己调用自己的算法)时,我们需要确保不会导致无限循环("此程序已停止响应。你想终止它吗?")。该算法有两个自然退出条件:当射线"击中"非反射物体时和当它没有"击中"任何物体时。但有一个简单的例子,我们可能被困在一个无限循环中:德罗斯特效应(Droste effect)。这就是当你把一面镜子放在另一面镜子前,然后看着它的时候会发生的事情——无穷无尽的自我复制品!

有很多方法可以防止无限递归。我们会在算法中引入一个递归极限(recursion limit),这将控制递归的"深度",我们称之为r。当$r = 0$时,我们看到物体但没有反射效果。当$r = 1$时,我们可以看到物体以及其他物体在其上的反射,如图4-6所示。

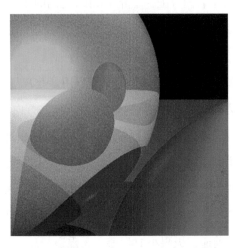

图4-6　仅限于1($r = 1$)次递归调用的反射。
我们看到球体反射在球体上,但被反射的球体自身并没有反射效果

当$r = 2$时,我们会看到物体、一些物体的反射以及一些物体反射的反射(对于更大的r,可以以此类推)。图4-7显示了$r = 3$的结果。一般而言,对于反射,深入3层以上的递归没有多大意义,因为此时几乎感觉不到差异。

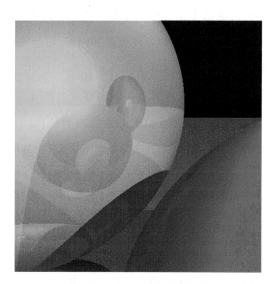

图4-7　限制为3($r = 3$)次递归调用的反射。现在我们可以看到球体反射的反射

我们再做一个区分。"反射性"不一定是一个全有或全无的命题,物体可能只是部分反射。我们将为每个表面分配一个介于0和1之间的数字,指定它的反射程度。然后我们将使用该数字作为权重计算局部光照颜色和反射颜色的加权平均值。

最后,对`TraceRay`的递归调用需要哪些参数呢?

● 射线从物体表面开始,该物体上的某个点用参数P表示。

● 反射射线的方向就是入射射线在点P处反弹的方向;在`TraceRay`中,我们有参数D,表示朝向P的入射射线的方向,所以相对法线N发生的反射,反射射线的方向就是-D。

● 与阴影计算的情况类似,我们不希望物体反射自己,因此$t_{min} = \epsilon$。

● 我们希望无论物体有多远,都能够看到物体被反射的效果,所以$t_{max} = +\infty$。

● 递归极限比当前递归极限小1(以避免无限递归)。

现在我们准备将其转换为实际的伪代码。

4.2.2 包含反射的渲染

让我们在光线追踪渲染器中添加反射。首先,我们通过给每个表面添加一个反射属性reflective来修改场景定义,描述它的反射程度,从0.0(完全不反射)到1.0("完美的镜子")。

```
sphere {
    center = (0, -1, 3)
    radius = 1
    color = (255, 0, 0) # 红色
    specular = 500 # 闪亮
    reflective = 0.2 # 一点儿反射
}
sphere {
    center = (-2, 1, 3)
    radius = 1
    color = (0, 0, 255) # 蓝色
    specular = 500 # 闪亮
    reflective = 0.3 # 多一点儿反射
}
sphere {
    center = (2, 1, 3)
    radius = 1
    color = (0, 255, 0) # 绿色
    specular = 10 # 略微闪亮
    reflective = 0.4 # 再多一点儿反射
}
sphere {
    color = (255, 255, 0) # 黄色
    center = (0, -5001, 0)
    radius = 5000
    specular = 1000 # 异常闪亮
    reflective = 0.5 # 具有一半的反射性
}
```

我们已经在计算镜面反射时使用了"反射射线"的公式,所以我们把这部分代码提取出来。它需要射线R和法线N,返回以N为基准,R被反射后的向量。

```
ReflectRay(R, N) {
    return 2 * N * dot(N, R) - R;
}
```

我们需要对 `ComputeLighting` 进行的唯一更改是通过调用这个新的
`ReflectRay` 来替换反射方程。

`main` 函数有一个小的变化——我们需要将递归极限传递给顶层的 `TraceRay`
调用。

```
color = TraceRay(O, D, 1, inf, recursion_depth)
```

如前面所讨论的，我们可以将 `recursion_depth` 的初始值设置为一个合理
的值，例如3。

唯一显著的变化发生在 `TraceRay` 的末尾，在那里我们递归地计算反射。你
可以在清单4-4中看到更改。

清单4-4 带有反射的光线追踪渲染器伪代码

```
TraceRay(O, D, t_min, t_max, recursion_depth) {
    closest_sphere, closest_t = ClosestIntersection(O, D, t_min, t_max)

    if closest_sphere == NULL {
        return BACKGROUND_COLOR
    }

    // 计算局部颜色
    P = O + closest_t * D
    N = P - closest_sphere.center
    N = N / length(N)
    local_color = closest_sphere.color * ComputeLighting(P, N, -D,
closest_sphere.specular)

    // 如果到达递归极限或者遇到的物体不具有反射属性，那么就可以结束了
    ①r = closest_sphere.reflective
    if recursion_depth <= 0 or r <= 0 {
        return local_color
    }
```

```
// 计算反射颜色
R = ReflectRay(-D, N)
②reflected_color = TraceRay(P, R, 0.001, inf, recursion_depth - 1)

③return local_color * (1 - r) + reflected_color * r
}
```

对代码的更改出奇简单。首先,我们检查是否需要计算反射①。如果球体不是反射的或者已经达到了递归极限,就完成了,可以返回球体自己的颜色。

最有趣的变化是递归调用②。TraceRay使用适当的反射参数调用自身,重要的是将递归深度计数器递减。这与检查步骤①相结合,可以防止无限循环。

最后,一旦我们有了球体的局部颜色和反射颜色,我们将它们混合在一起③,使用"这个球体的反射程度"作为混合权重。

渲染结果会说明一切,如图4-8所示。

图4-8 带有反射的光线追踪场景

你可以在本书附件的/cgfs/reflections-demo目录下面找到该算法的实时实现,双击Reflections demo.html文件或者用浏览器打开该文件即可。

4.3 总结

在前面的章节中,我们开发了一个基本框架,能够在2D画布上渲染3D场景,对光线与物体表面相互作用的方式进行了建模。这为我们提供了场景的简单初始表示。

在本章中,我们扩展了这个框架,能够对场景中不同物体与光线的相互作用,以及与其他物体的相互作用进行建模——主要是通过相互投射阴影和相互反射这两种方式。因此,渲染的场景看起来更加真实。

在第5章中,我们将简要讨论扩展这个渲染器的不同方法,例如表示球体以外的物体、渲染性能等实际考虑因素。

第 **5** 章
扩展光线追踪渲染器

我们将在本书第一部分结束时快速讨论几个我们尚未涉及的有趣主题:将相机放置在场景中的任何位置、性能优化、球体以外的图元、使用体素构造表示法对物体进行建模、支持透明表面和超采样。我们不会实现这些变更,但我们鼓励大家尝试一下!前面的章节,以及下面提供的描述,可为你自己探索和实现它们提供坚实的基础。

5.1 任意相机定位

在我们最开始讨论光线追踪的时候,我们做了 3 个重要的假设:相机固定在 $(0,0,0)$,它朝向 z_+,它的"向上"方向是 y_+。在本节中,我们将取消这些限制,以便我们可以将相机放置在场景中的任何位置并将其指向任何方向。

让我们从相机的位置开始。大家可能已经注意到,O在所有伪代码中只使用了一次:在顶层方法中,作为来自相机的射线的原点。如果我们想改变相机的位置,我们只需要用一个不同的O值即可。

位置的变化会影响射线的方向吗?一点儿也不影响。射线的方向是从相机到投影平面的向量。当我们移动相机时,投影平面也随之移动,所以它们的相对位置不会改变。我们编写CanvasToViewport的方式与这个想法是一致的。

让我们将注意力转向相机方位。假设我们有一个旋转矩阵,它代表我们期望的相机方位。如果你只是旋转相机,相机的位置不会改变,但它所看向的方向会改变,该方向与整个相机经历相同的旋转。所以如果你有射线方向D和旋转矩阵R,旋转后的D就是$R \cdot D$。

总之,唯一需要更改的函数是清单2-2中的main函数。清单5-1显示了更新后的函数。

清单5-1 主循环更新为支持任意相机位置和方位

```
for x in [-Cw/2, Cw/2] {
    for y in [-Ch/2, Ch/2] {
        ①D = camera.rotation * CanvasToViewport(x, y)
        ②color = TraceRay(camera.position, D, 1, inf)
        canvas.PutPixel(x, y, color)
    }
}
```

我们将相机的旋转矩阵①(它描述了相机在空间中的方位)应用到我们将要追踪的射线的方向上。然后我们使用相机位置作为射线的起点②。

图5-1显示了我们的场景从不同的位置和不同的相机方位渲染时的样子。

你可以在本书附件的/cgfs/camera-demo目录下面找到该算法的实时实现,双击Camera position demo.html文件或者用浏览器打开该文件即可。

图5-1　我们熟悉的场景，用不同的位置和相机方位渲染

5.2　性能优化

前面的章节侧重于以最清晰的方式解释和实现光线追踪渲染器的不同功能。因此，它功能齐全，但运行速度不是特别快。这里有一些你可以自己探索的想法，让光线追踪渲染器运行得更快。最好测量一下优化前和优化后的运行时间并对比。你会对结果感到惊讶的！

5.2.1　并行运算

让光线追踪渲染器运行得更快的最常用的方法是一次追踪多条射线。因为离开相机的每一条射线都是独立于其他射线的，并且场景数据是只读的，所以你可以在每个CPU内核中追踪一条射线，而不会有太多的损失或太高的同步复杂性。事实上，光线追踪渲染器属于一类被称为可并行化的（parallelizable）算法，正是因为它们的本质使它们非常容易并行化。

不过,为每条射线生成一个线程(thread)可能不是一个好主意,管理潜在数量达数百万个线程的开销可能会抵消掉我们使用并行获得的加速。一个更明智的想法是创建一组"任务",每个任务负责对画布的一部分(一个矩形区域,小到一个像素)进行光线追踪,并在它们可用时将它们分配给在物理核心上运行的工作线程。

5.2.2 缓存不变值

缓存(caching)是一种避免一遍又一遍地重复相同计算的方法。每当有一个计算量很大的计算并且你希望重复使用此计算结果时,缓存(存储)此结果并在下次需要时重复使用它可能是个好主意,特别是如果此值不经常更改时。

考虑在 IntersectRaySphere 中计算的值,光线追踪渲染器通常在这里花费大部分时间,伪代码如下所示。

```
a = dot(D, D)
b = 2 * dot(OC, D)
c = dot(OC, OC) - r * r
```

不同的值在不同的时间段是不变的。

一旦你加载了场景并且你知道球体的大小,你可以计算 r * r。除非球体的大小发生变化,否则该值不会改变。

有些值至少对于整个帧是不变的。其中一个值是 dot(OC, OC),它只需要在相机或球体移动时在帧间改变。(需要注意的是,阴影和反射追踪的射线不是从相机开始的,所以需要注意确保缓存的值在这种情况下没有被使用。)

某些值对于整条射线不会改变。例如,你可以在 ClosestIntersection 中计算 dot(D, D),并将它传递给 IntersectRaySphere。

还有许多其他计算结果可以重复使用。发挥你的想象力! 然而,并非每个缓存的值都会使整体速度更快,因为有时缓存开销可能比节省的时间要大。始终要使用基准(benchmark)数据来评估优化是否真的有帮助。

5.2.3 阴影的优化

当物体表面上的一个点因为有另一个物体处于光线照射路径上而处于阴影中时,它旁边的点很可能也处于同一物体的阴影中,这称为阴影相干性(shadow coherence)。你可以在图 5-2 中看到这样的示例。

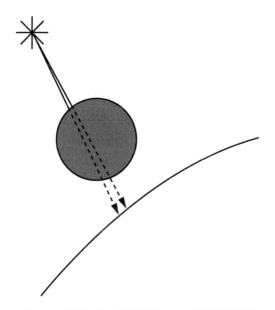

图 5-2   靠得很近的点很可能处于同一物体的阴影中

在搜索点和光源之间的物体时,为了确定该点是否处在阴影中,我们通常会检查与其他所有物体的交点。但是,如果我们知道紧邻它的点在特定物体的阴影中,我们可以先检查与该物体的交点。如果我们找到一个,我们就完成了,我们不需要继续检查所有其他物体!如果我们没有找到与该物体的交点,我们只需返回检查每个物体。

同理,当你寻找射线和物体的交点来确定一个点是否在阴影中时,你并不真的需要最近的交点,知道至少有一个交点就足够了,因为这足以阻止光线到达该点!因此,你可以编写 ClosestIntersection 函数的特殊版本,该版本在找到任何交点后立即返回。你也不需要计算并返回 closest_t;相反,你可以只返回一个布尔值。

5.2.4 空间结构

计算射线与场景中每个球体的交点有点儿浪费资源。有许多数据结构可以让你一次性丢弃整组物体,而无须单独计算交点。

假设你有几个距离很近的球体。你可以计算包含这些球体的最小球体的圆心和半径。如果射线不与这个边界球(bounding sphere)相交,你可以确定它不与该球体包含的任何一个球体相交,代价是进行一次相交测试。当然,如果它们相交,你仍然需要检查它是否与该球体所包含的任何一个球体相交。

你还可以进一步创建多个层级的边界球(球体组),使其形成一个层次结构。只有当某一个真正的球体极有可能与射线相交时,才需要一直遍历到层次结构的底层。

虽然这一系列技术的具体细节超出了本书的范围,但你可以通过搜索边界体层级(bounding volume hierarchy)找到更多信息。

5.2.5 子采样

这里有一个简单的方法可以让你的光线追踪渲染器快 N 倍,即像素计算量变为原来的 $1/N$!

对于画布中的每个像素,我们通过视口追踪一条射线,从而采样来自那个方向的光的颜色。如果我们的射线数量少于像素数量,我们将对场景进行子采样(subsampling)。但是我们如何做到这一点并仍然能正确地渲染场景呢?

假设你跟踪像素(10, 100)和(12, 100)的射线,并且它们碰巧"击中"同一个物体。你可以合理地假设像素(11, 100)的射线也将"击中"同一个物体,因此你可以跳过对射线与场景中所有物体的交点进行初始搜索的阶段,并直接跳转到计算该点的颜色这一步。

如果你在水平和垂直方向上每隔一个像素跳过一个像素,你最多可以减少75%的主要射线与场景相交计算——这是4倍的加速!

当然,你可能会错过一些非常薄的物体;这是一种"非纯"优化,与前面讨论的优化不同的是,它生成的图像与未经优化的图像非常相似,但不能保证完全相同。

在某种程度上,这是"偷工减料"。关键是要知道在保证满意结果的同时可以走哪些捷径。在计算机图形学的许多领域中,重要的是结果的主观质量。

5.3 支持其他图元

在前面的章节中,我们使用球体作为图元,因为它在数学上易于操作。也就是说,求射线和球体交点的方程比较简单。但是,一旦你拥有可以渲染球体的基础光线追踪渲染器,添加对渲染其他图元的支持就不需要太多额外的工作了。

注意,TraceRay需要能够为一条射线和任何给定的物体计算两个东西:它们之间最近交点的t值和该交点处的法线。光线追踪渲染器中的其他所有内容都与物体无关!

三角形是一个很好的需要支持的图元。三角形是最简单的多边形,所以你可以用三角形构建任何其他的多边形。它们在数学上很容易操作,所以它们是表示更复杂曲面的近似值的好方法。

要给光线追踪渲染器添加三角形支持,你只需要改变TraceRay。首先,计算射线(由它的原点和方向给出)与包含三角形的平面(由它的法线和它到原点的距离给出)的交点。

因为平面是无限大的,射线几乎总是与任何给定的平面相交(除非它们完全平行),所以第二步是确定射线与平面的交点是否在三角形内。这包括使用重心坐标(barycentric coordinate,也叫质心坐标),或者,相对于三角形的3条边,使用叉积(cross product)来检查点是否在每条边的"内侧"。

一旦你确定了这个点在三角形内,交点的法线就是平面的法线。让TraceRay返回适当的值即可,不需要进一步的更改!

5.4 体素构造表示法

假设我们想要渲染比球体或弯曲物体更复杂的物体,这些物体难以使用一组三角形进行准确建模。两个很好的例子是透镜(比如放大镜里的透镜)和死星[1](那不是月亮……)。

我们可以用通俗易懂的语言很容易地描述这些物体。放大镜看起来像两个球体粘在一起,死星看起来就像一个被去掉了一个小球体的球体。

我们可以更正式地将其表达为将集合操作(例如并集、交集或差集)应用于其他物体的结果。继续看上面的例子,放大镜可以被描述为两个球体的交集,死星是一个大球体,我们从中减去一个较小的球体,如图5-3所示。

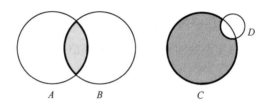

图5-3 实际运用的体素构造表示法。$A \cap B$让我们得到放大镜,$C - D$让我们得到死星

你可能会认为进行实际物体的布尔运算是一个非常棘手的几何问题。你是完全正确的!幸运的是,事实证明,体素构造表示法(constructive solid geometry,CSG)让我们可以渲染物体之间集合操作的结果,而无须显式计算这些结果!

我们如何在我们的光线追踪渲染器中做到这一点?对于每个物体,你都可以计算射线进入和离开物体的点。以球体为例,光线在$\min(t_1, t_2)$处进入并在$\max(t_1, t_2)$处离开。假设你要计算两个球体的交集:当射线在两个球体内部时,它在交集内,当射线在任一球体外部时,它在交集外。对于差集的情况,当射线在第一个物体内部,但不在第二个物体内部时,它在差集内。对于两个物体的并集,当射线在任何一个物体内部时,它在并集内。

更一般地说,要计算射线与物体$A \odot B$($\odot$表示任意集合运算)的交点,首先分别计算射线与A或B之间的交点,从而得到处于每个物体内部时t的取值范围,即R_A和R_B。然后我们计算$R_A \odot R_B$,这是处于物体$A \odot B$内部时t的取值范围。一旦有

1　Death Star,《星球大战》中的超级武器。——译者注

了这些参数,射线与物体$A \odot B$之间最近的交点就是在物体的"内部"范围内以及在t_{min}和t_{max}之间的最小值。图5-4显示了处于两个球体并集、交集和差集范围内的取值情况。

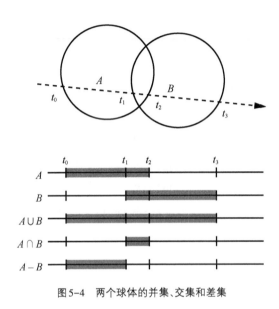

图5-4 两个球体的并集、交集和差集

相交处的法线要么是产生交点的物体的法线,要么是其相反的法线,这取决于你是在看原始物体的"外部"还是"内部"。

当然,A和B不一定非得是图元,它们也可以是集合运算的结果!如果你能清晰地实现这个,你甚至不需要知道A和B是什么,只要你能从中得到交点和法线。这样你就可以取3个球体并计算,例如$(A \cup B) \cup C$。

5.5 透明度

到目前为止,我们把每个物体都渲染成了完全不透明的,但事实并不应该如此。我们可以渲染部分透明的物体,比如鱼缸。

实现这一点与实现反射非常相似。当射线照射到部分透明的物体表面时,你可以像之前一样计算局部颜色和反射颜色,但是你还需要计算一个额外的颜色——通过调用另一个TraceRay获得的穿透物体的光线的颜色。然后根据物体的透明程度,将这个颜色与局部颜色和反射颜色混合,就像我们计算物体反射时所做的一样。

光线折射

在现实生活中,当一束光线穿过透明物体时,它会改变方向(这就是为什么当你将一根吸管浸入一杯水中时,它看起来就像"断了")。更准确地说,光线在穿过一种材质(如空气)进入另一种材质(如水)时改变了方向。

方向变化的方式取决于每种材料的一种性质,这种性质称为折射率(refraction index)。下面的方程,称为斯内尔定律(Snell's law)。

$$\frac{\sin(\alpha_1)}{\sin(\alpha_2)} = \frac{n_2}{n_1}$$

其中,α_1和α_2是光线穿过表面之前和之后与法线的夹角,n_1和n_2是物体内部和外部材质的折射率。

例如,$n_{空气}$约为1.0,$n_水$约为1.33。因此,对于以约60°进入水中的光线,我们有如下公式。

$$\frac{\sin(60^\circ)}{\sin(\alpha_2)} = \frac{1.33}{1.0}$$

$$\sin(\alpha_2) = \frac{\sin(60^\circ)}{1.33}$$

$$\alpha_2 = \arcsin\left(\frac{\sin(60^\circ)}{1.33}\right) \approx 40.628^\circ$$

此示例如图5-5所示。

在实现层面,每条光线都必须携带一条额外的信息:它当前穿过的材质的折射率。当光线与部分透明的

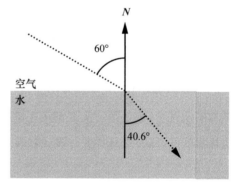

图5-5 光线在离开空气并进入水中时会发生折射(改变方向)

物体相交时,你可以根据当前材质和新材质的折射率计算从该点开始的光线的新方向,然后像以前一样进行光照计算。

停下来考虑一下:如果你实现了体素构造表示法和透明度,你可以模拟一个放

大镜(两个球体的交集),它的效果就会像一个物理上真实的放大镜效果!

5.6 超采样

超采样(supersampling)或多或少与子采样相反。在这种情况下,你需要的是准确性而不是性能。假设对应于两个相邻像素的射线击中了不同的物体。你将使用相应的颜色绘制每个像素。

但请记住我们开始时做的类比:每条射线都应该决定我们正在查看的"网格"中每个方块的"代表性"颜色。通过每个像素使用一条射线,我们可以任意决定穿过正方形中央的射线的颜色代表整个正方形,但这可能不是真实的。

解决这个问题的方法就是在每个像素上追踪更多的射线——4、9、16,你想要多少就追踪多少——然后对它们获得的颜色值求平均值来得到最终像素的颜色。

当然,这会让你的光线追踪渲染器速度变为原来的1/4、1/9或1/16,这和子采样让它快N倍的原因是一样的。幸运的是,有一个折中的方法。你可以假设物体的属性在它们的表面上平滑地变化,所以每个像素发射4条射线,在稍微不同的位置"击中"同一个物体可能不会对场景有太大改善。所以你可以从每个像素一条射线开始,然后比较相邻的射线:如果它们"击中"不同的物体,或者如果颜色的差异超过某个阈值,你可以对两者都应用像素细分。

5.7 总结

在本章中,我们简要介绍了几个你可以自己探索的想法。这些想法以新颖有趣的方式修改了我们一直在开发的基础光线追踪渲染器——使其更高效,能够表示更复杂的物体,或者以更接近我们的物理世界的方式对光线进行建模。

本书的第一部分已经证明了光线追踪渲染器是一款精美的应用程序,它可以使用简单、直观的算法和简单的数学运算生成令人惊叹的精美图像。

遗憾的是,这种纯粹是有代价的:性能。虽然有许多方法可以优化和并行化光线追踪渲染器,就像本章所讨论的那样,但对于实时性能来说,它们的计算成本仍然太高。虽然硬件计算速度每年都在提升,但一些应用要求渲染图片的速度要快100倍,而且质量没有任何损失。在这些应用中,游戏是要求最高的:我们希望图像每秒至少被绘制60次。光线追踪渲染器不能解决这个问题[1]。

那么从20世纪90年代初开始,电子游戏是如何做到这一点的呢?

答案在于一个完全不同的算法系列,我们将在本书的第二部分探索。

1　现在的PC平台,一些高端显卡已经可以支持实时的光线追踪,已经有很多上线的商业游戏支持光线追踪功能。——译者注

第二部分　光栅化

第 **6** 章
直线

在本书的第一部分,我们广泛地研究了光线追踪,并开发了一种光线追踪渲染器,它可以使用相对简单的算法和数学模型来渲染我们的测试场景,包含准确的光照、材质属性、阴影和反射。这种简单性是有代价的:性能。虽然非实时性能对于某些应用来说很好,例如建筑可视化或电影的视觉特效,但对于其他应用(例如视频、游戏)来说还不够。

在本书的这一部分,我们将探索一组完全不同的算法,它们更看重性能而不是数学纯度。

我们的光线追踪渲染器从相机开始,并通过视口探索场景。对于画布的每一个像素,我们都要回答这个问题:"场景中的哪个物体在这里是可见的?"现在我们将遵循一种相反的方法,即对于场景中的每个物体,我们将尝试回答:"在画布的哪个部分这个物体是可见的？"

事实证明,我们可以开发出比光线追踪更快的算法来回答这个新问题,只要我们愿意在精度上做一些权衡。稍后,我们将探讨如何使用这些快速算法来实现与光线追踪渲染器质量相当的结果。

我们将重新开始:我们有一个尺寸为 $C_w \times C_h$ 的画布,我们可以使用 `PutPixel` 函数设置单个像素的颜色,但仅此而已。让我们探索如何在画布上绘制简单的元素:两点之间的线段。

6.1 描述直线

假设我们有两个画布点 P_0 和 P_1,坐标分别为 (x_0, y_0) 和 (x_1, y_1)。我们如何绘制 P_0 和 P_1 之间的线段呢?

我们从用参数坐标表示直线开始,就像我们之前对射线做的那样(实际上,你可以把"射线"想象成3D中的线)。从 P_0 开始,沿着 P_0 到 P_1 的方向移动一段距离,可以得到直线上的任意一点 P,如下所示。

$$P = P_0 + t(P_1 - P_0)$$

我们可以把这个方程分解成两个,每个坐标一个,如下所示。

$$x = x_0 + t(x_1 - x_0)$$

$$y = y_0 + t(y_1 - y_0)$$

我们取第1个方程,求解出 t,过程如下所示。

$$x = x_0 + t(x_1 - x_0)$$

$$x - x_0 = t(x_1 - x_0)$$

$$t = \frac{x - x_0}{x_1 - x_0}$$

我们现在可以把 t 的表达式代入第2个方程,过程如下所示。

$$y = y_0 + t(y_1 - y_0)$$

$$y = y_0 + \frac{x - x_0}{x_1 - x_0}(y_1 - y_0)$$

重新整理一下方程,如下所示。

$$y = y_0 + (x - x_0)\frac{y_1 - y_0}{x_1 - x_0}$$

请注意,$\frac{y_1 - y_0}{x_1 - x_0}$ 是一个常数,它仅取决于线段的两个端点,我们称之为 a。所以我们可以将上面的等式改写为下面这样。

$$y = y_0 + a(x - x_0)$$

a 是什么?根据我们的定义,它测量在 x 坐标上每单位变化时相应的 y 坐标的变化。换句话说,它是对直线斜率的度量。

让我们回到方程。应用乘法分配律,如下所示。

$$y = y_0 + ax - ax_0$$

将常量组合起来,如下所示。

$$y = ax + (y_0 - ax_0)$$

同样,$(y_0 - ax_0)$ 仅取决于线段的端点,我们称之为 b。最后我们得到下面的方程。

$$y = ax + b$$

这是线性函数的标准形式,它几乎可以用来表示任何直线。当我们求解 t 的时候,我们加了一个除以 $x_1 - x_0$ 的算式而没有考虑如果 $x_1 = x_0$ 会怎样。我们不能做除以 0 的运算,也就意味着这个公式不能表示 $x_1 = x_0$ 的直线——垂直线。

为了回避这个问题,我们暂时忽略垂直线,稍后再讨论如何处理它。

6.2 绘制直线

现在我们有办法求出每一个我们感兴趣的 x 值对应的 y 值。这样可以得到一对满足直线方程的 (x, y)。

我们现在可以写出绘制从 P_0 到 P_1 线段的函数的第一近似值。设 x0 和 y0 分别为 P_0 的 x 和 y 坐标，x1 和 y1 分别为 P_1 的 x 和 y 坐标。假设 $x_0 < x_1$，我们可以从 x_0 到 x_1，计算每个 x 值对应的 y 值，并在这些坐标处绘制一个像素，如下所示。

```
DrawLine(P0, P1, color) {
    a = (y1 - y0) / (x1 - x0)
    b = y0 - a * x0
    for x = x0 to x1 {
        y = a * x + b
        canvas.PutPixel(x, y, color)
    }
}
```

注意，我们希望除法运算符"/"执行实数除法，而不是整数除法。尽管在这里的上下文中 x 和 y 是整数，因为它们表示画布上像素的坐标。

还要注意，我们需要确认 for 循环包含范围的最后一个值。在 C、C++、Java 和 JavaScript 等语言中，这可以写成 for（x = x0;x <= x1;++x）。我们将在本书中使用这个约定。

该函数是上述等式的直接、简单实现。它是有效的，但我们可以让它更快吗？

我们不是在计算任意 x 对应的 y 值。相反，我们仅以 x 的整数增量计算它们，并且我们是按顺序进行的。在计算 $y(x)$ 之后，我们立即计算 $y(x + 1)$，如下所示。

$$y(x) = ax + b$$

$$y(x + 1) = a(x + 1) + b$$

我们可以对第 2 个表达式进行一些操作，如下所示。

$$y(x + 1) = ax + a + b$$

$$y(x + 1) = (ax + b) + a$$

$$y(x + 1) = y(x) + a$$

这不足为奇，毕竟，斜率 a 是用于衡量当 x 增加 1 时 y 变化多少的，这正是我们在这里所做的。

这意味着我们叫以通过取 y 的前一个值并加上斜率来计算 y 的下一个值,而不需要逐像素做乘法,这可使函数运算得更快。一开始没有 y 的初始值,所以我们从 (x_0, y_0) 开始。然后我们继续给 x 加 1,给 y 加 a,直到我们得到 x_1。

再次假设 $x_0 < x_1$,我们可以将函数重写,如下所示。

```
DrawLine(P0, P1, color) {
    a = (y1 - y0) / (x1 - x0)
    y = y0
    for x = x0 to x1 {
        canvas.PutPixel(x, y, color)
        y = y + a
    }
}
```

到目前为止,我们一直假设 $x_0 < x_1$。有一个简单的解决方法来支持不满足此条件的直线段:因为我们绘制像素的顺序无关紧要,如果我们得到一条从右到左的直线段,我们可以交换 P0 和 P1 将其转换为同一条直线段的从左到右的版本,并像以前一样绘制它,如下所示。

```
DrawLine(P0, P1, color) {
    // 确保 x0 < x1
    if x0 > x1 {
        swap(P0, P1)
    }
    a = (y1 - y0) / (x1 - x0)
    y = y0
    for x = x0 to x1 {
        canvas.PutPixel(x, y, color)
        y = y + a
    }
}
```

让我们用我们的函数来绘制几条线。图 6-1 显示了 $(-200, -100)$ 到 $(240, 120)$ 的直线段,图 6-2 显示了该直线段的"特写"。

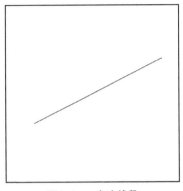

图 6-1 一条直线段

图 6-2 直线段的放大效果

这条线看起来是锯齿状的,因为我们只能在整数坐标上绘制像素,而数学上的直线实际上的宽度是 0,我们采用从 $(-200, -100)$ 到 $(240, 120)$ 的理想线段的量化近似值来绘制。有一些方法可以绘制出更漂亮的近似线(感兴趣的读者可以看看 MSAA、FXAA、SSAA 和 TAA,这也许会是你进入未知世界的入口)。我们不会去探索那些,有两个原因:(1)它们比较慢;(2)我们的目标不是绘制漂亮的线段,而是开发一些基本的算法来渲染 3D 场景。

我们来尝试另一条直线段,从 $(-50, -200)$ 到 $(60, 240)$。图 6-3 显示了直线段的效果,图 6-4 显示了直线段的放大效果。

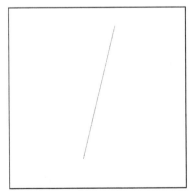

图 6-3 另一条斜率较大的直线段

图 6-4 第二条直线段的放大效果

发生了什么呢?

该算法完全按照我们的要求执行;它从左到右,为每个 x 值计算一个 y 值,并绘制相应的像素。问题是它为 x 的每个值计算了一个 y 值,而在这种情况下,对于某些 x 值,我们实际上需要多个 y 值。

发生这种情况是因为我们选择了一种形式的直线公式,即 $y=f(x)$。事实上,这与我们不能绘制垂直线的原因是一样的——这是一种极端情况,即所有 y 的值都对应相同的 x 值。

6.3 绘制任意斜率的直线

选择 $y=f(x)$ 是一个随意的选择,我们同样可以选择将这条线表示为 $x=f(y)$。通过交换 x 和 y 重新处理所有方程,我们得到以下算法。

```
DrawLine(P0, P1, color) {
    // 确保 y0 < y1
    if y0 > y1 {
        swap(P0, P1)
    }
    a = (x1 - x0)/(y1 - y0)
    x = x0
    for y = y0 to y1 {
        canvas.PutPixel(x, y, color)
        x = x + a
    }
}
```

这与之前的 DrawLine 相同,只是交换了 x 和 y 计算。这样我们可以处理垂直线并且可以正确绘制 $(0,0)$ 到 $(50,100)$ 的直线段。但是当然,它根本无法处理水平线,也无法正确绘制 $(0,0)$ 到 $(100,50)$ 的直线段!该怎么办?

我们可以保留这两个版本的函数,然后根据我们要绘制的直线来选择使用哪一个。标准很简单:这条线的 x 取值的不同值是否比 y 取值的不同值更多? 如果 x 的不同值多于 y 的不同值,我们使用第1个版本;否则,我们使用第2个。

清单6-1显示了处理所有情况的 DrawLine 版本。

清单6-1 处理所有情况的 `DrawLine` 版本

```
DrawLine(P0, P1, color) {
    dx = x1 - x0
    dy = y1 - y0
    if abs(dx) > abs(dy) {
        // 直线偏向水平情况
        // 确保 x0 < x1
        if x0 > x1 {
            swap(P0, P1)
        }
        a = dy / dx
        y = y0
        for x = x0 to x1 {
            canvas.PutPixel(x, y, color)
            y = y + a
        }
    } else {
        // 直线偏向垂直情况
        // 确保 y0 < y1
        if y0 > y1 {
            swap(P0, P1)
        }
        a = dx / dy
        x = x0
        for y = y0 to y1 {
            canvas.PutPixel(x, y, color)
            x = x + a
        }
    }
}
```

这个函数确实有效,但并不完美。有很多代码重复,选择使用哪个函数的逻辑、计算函数值的逻辑,以及像素绘制本身都交织在一起。我们当然可以做得更好!

6.4 线性插值函数

我们有两个线性函数 $y = f(x)$ 和 $x = f(y)$。这里我们处理的是像素,我们需要把它抽象出来,以更通用的方式将其写成 $d = f(i)$,其中 i 是自变量(independent variable），我们需要为它取值，d是因变量（dependent variable），其值取决于自变量，也就是我们要计算的值。在直线偏向水平的情况下，我们取x为自变量，y为因变量；在直线偏向垂直的情况下，情况正好相反，我们取y为自变量，x为因变量。

当然，任何函数都可以写成 $d = f(i)$。我们知道另外两件事可以完全定义我们的函数：它是线性的；以及它的两个值，即$d_0 = f(i_0)$和$d_1 = f(i_1)$。我们可以编写一个简单的函数，接收这些值并返回d的所有中间值的列表。假设与前面示例一样，$i_0 < i_1$，那么函数如下所示。

```
Interpolate(i0, d0, i1, d1) {
    values = []
    a = (d1 - d0) / (i1 - i0)
    d = d0
    for i = i0 to i1 {
        values.append(d)
        d = d + a
    }
    return values
}
```

这个函数与DrawLine的前两个版本具有相同的"形状"，但是变量被称为i和d，而不是x和y，它将值存储在一个列表中，而不是绘制像素。

需要注意，i_0对应的d值以值values[0]的形式返回，$i_0 + 1$对应的d值以值values[1]的形式返回，以此类推。通常，假设i_n在$[i_0, i_1]$的范围内，那么i_n对应的d值以值values[i_n-i_0]的形式返回。

我们需要考虑一种极端情况：我们可能想要为i的单个值计算 $d = f(i)$，即当$i_0 = i_1$时。在这种情况下，我们甚至无法计算a，因此我们将其视为一种特殊情况，如下所示。

```
Interpolate(i0, d0, i1, d1) {
    if i0 == i1 {
        return [d0]
    }
```

```
values = []
a = (d1 - d0) / (i1 - i0)
d = d0
for i = i0 to i1 {
    values.append(d)
    d = d + a
}
return values
}
```

作为一个代码实现细节，以及在本书的其余部分，自变量 i 的值总是整数，因为它们表示像素；因变量 d 的值总是浮点数，因为它们表示一般线性函数的值。

现在我们可以使用 Interpolate 来编写 DrawLine，如清单 6-2 所示。

清单 6-2 使用 Interpolate 函数的 DrawLine 版本

```
DrawLine(P0, P1, color) {
    if abs(x1 - x0) > abs(y1 - y0) {
        // 直线偏向水平情况
        // 确保 x0 < x1
        if x0 > x1 {
            swap(P0, P1)
        }
        ys = Interpolate(x0, y0, x1, y1)
        for x = x0 to x1 {
            canvas.PutPixel(x, ys[x - x0], color)
        }
    } else {
        // 直线偏向垂直情况
        // 确保 y0 < y1
        if y0 > y1 {
            swap(P0, P1)
        }
        xs = Interpolate(y0, x0, y1, x1)
        for y = y0 to y1 {
            canvas.PutPixel(xs[y - y0], y, color)
        }
    }
}
```

这个版本的 DrawLine 可以正确处理所有情况，如图 6-5 所示。

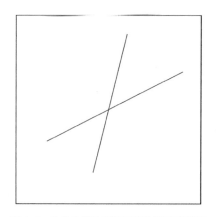

图6-5　重构的算法能够正确处理所有情况

你可以在本书附件的/cgfs/lines-demo 目录下面看到此重构算法的实时实现，双击 Lines demo 2.html 文件或者用浏览器打开该文件即可。

虽然这个版本并不比前一个版本"短"多少，但它清晰地将 y 和 x 中间值的计算与决定哪个是自变量以及像素绘制代码本身分离开来。

这个直线算法不是最好的或最快的，这可能会让人感到惊讶。目前比较好的直线算法可能是布兰森汉姆算法（Bresenham's algorithm）。本书提出并采用上述算法的原因有两个。首先，它更容易理解，这是本书的首要原则。其次，它为我们提供了插值函数 Interpolate，我们将在本书的其余部分广泛使用它。

6.5　总结

在本章中，我们已经迈出了构建光栅化渲染器的第一步。使用我们唯一的工具 PutPixel，我们开发了一种算法，可以在画布上绘制直线段。

我们还开发了 Interpolate 辅助函数，这是一种有效计算线性函数值的方法。在继续之前，请确保你充分理解它，因为我们将经常使用它。

在第 7 章中，我们将使用 Interpolate 在画布上绘制更复杂和有趣的形状：三角形。

第7章
填充三角形

在第6章中,我们迈出了绘制简单形状(直线段)的第一步,仅使用了 PutPixel 和基于简单数学知识的算法。在本章中,我们将重用一些数学知识来绘制更有趣的东西:填充三角形。

7.1　绘制线框三角形

我们可以使用 DrawLine 方法绘制一个三角形的轮廓,如下所示。

```
DrawWireframeTriangle (P0, P1, P2, color) {
    DrawLine(P0, P1, color);
    DrawLine(P1, P2, color);
    DrawLine(P2, P0, color);
}
```

这种轮廓称为线框(wireframe),因为它看起来像一个由线组成的三角形,如图 7-1 所示。

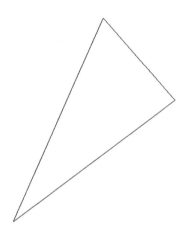

图7-1 具有顶点(−200,−250)、(200,50)和(20,250)的线框三角形

这是一个充满希望的开始!接下来我们将探索如何用颜色填充该三角形。

7.2 绘制填充三角形

我们想要绘制一个三角形,使用我们选择的颜色填充它。正如计算机图形学中经常出现的情况一样,解决这个问题的方法不止一种。我们将三角形视为一组水平线段的集合,这些线段一起绘制时看起来像一个三角形,从而实现绘制填充三角形的目的。图 7-2 显示了如果我们可以看到各条线段,这样的三角形会是什么样子的。

以下是我们想要做的事情的一个非常粗略的近似示例。

```
for each horizontal line y between the triangle's top and bottom
    compute x_left and x_right for this y
    DrawLine(x_left, y, x_right, y)
```

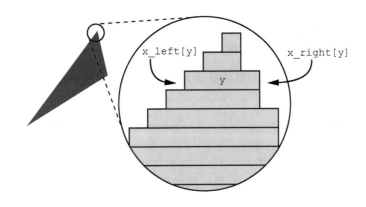

图7-2 使用水平线段绘制一个填充三角形

让我们从"三角形的顶部和底部之间"(指的是伪代码中的between the triangle's top and bottom)开始。一个三角形由它的 3 个顶点 P_0、P_1 和 P_2 定义。如果我们将这些点按 y 的值递增排序,使 $y_0 \leqslant y_1 \leqslant y_2$,则三角形所占 y 的取值范围为 $[y_0, y_2]$,如下所示。

```
if y1 < y0 { swap(P1, P0) }
if y2 < y0 { swap(P2, P0) }
if y2 < y1 { swap(P2, P1) }
```

以这种方式对顶点进行排序会使事情变得更容易:这样做之后,我们总是可以假设 P_0 是三角形的最低点,而 P_2 是最高点,因此我们不必处理所有可能的排序。

接下来我们必须计算 x_left 和 x_right 数组。这有点儿棘手,因为三角形有 3 条边,而不是两条。但是,只考虑 y 的值,我们总是可以找到从 P_0 到 P_2 的"高"边,以及从 P_0 到 P_1 和 P_1 到 P_2 的两条"短"边。

当 $y_0 = y_1$ 或 $y_1 = y_2$ 时有一种特殊情况,即三角形的其中一条边是水平的。当这种情况发生时,另外两条边的高度是相同的,所以任意一条都可以被认为是高边。我们应该选择左边还是右边? 幸运的是,这并不重要,算法将同时支持从左到右和从右到左的水平线,所以我们可以坚持我们的定义,即高边是从 P_0 到 P_2 的那条。

x_right 的值,要么来自高边,要么来自相连接的短边,x_left 的值将来自另一组。我们从计算这3条边的x值开始。由于我们将绘制水平线段，因此我们希望每个y值恰好有一个对应的x值。这意味着我们可以通过Interpolate函数使用插值法计算这些值，以y为自变量，x为因变量，计算过程如下所示。

```
x01 = Interpolate(y0, x0, y1, x1)
x12 = Interpolate(y1, x1, y2, x2)
x02 = Interpolate(y0, x0, y2, x2)
```

其中一条边的x值在x02中，另一端的值来自x01和x12的并集。请注意，x01和x12中会有一个重复值：y_1的x值既是x01的最后一个值，也是x12的第一个值。我们只需要去掉其中一个（这里我们果断一点儿，选择x01的最后一个值），然后拼接数组，如下所示。

```
remove_last(x01)
x012 = x01 + x12
```

最后我们有了x02和x012，我们需要确定哪个是x_left，哪个是x_right。为此，我们可以选择任何一条水平线（例如，中间的那条），并比较它在x02和x012中的值：如果x02中的值小于x012中的值，那么我们知道x02一定是x_left；否则，它一定是x_right。

```
m = floor(x02.length / 2)
if x02[m] < x012[m] {
    x_left = x02
    x_right = x012
} else {
    x_left = x012
    x_right = x02
}
```

现在我们有了绘制水平线段所需的所有数据。我们可以为此使用DrawLine。然而，DrawLine是一个非常通用的函数，在这种情况下，我们总是绘制水平的、从左到右的线段，所以使用简化的for循环更有效。这也让我们对绘制的每个像素有更多的"控制"，这在接下来的章节中将特别有用。

清单7-1中有完成后的DrawFilledTriangle。

清单7-1 绘制填充三角形的函数

```
DrawFilledTriangle (P0, P1, P2, color) {
    ①// 对点进行排序,从而使 y0 <= y1 <= y2
    if y1 < y0 { swap(P1, P0) }
    if y2 < y0 { swap(P2, P0) }
    if y2 < y1 { swap(P2, P1) }
    ②// 计算三角形各条边的x坐标
    x01 = Interpolate(y0, x0, y1, x1)
    x12 = Interpolate(y1, x1, y2, x2)
    x02 = Interpolate(y0, x0, y2, x2)
    ③// 拼合短边数组
    remove_last(x01)
    x012 = x01 + x12
    ④// 决定哪条是左侧边,哪条是右侧边
    m = floor(x012.length / 2)
    if x02[m] < x012[m] {
        x_left = x02
        x_right = x012
    } else {
        x_left = x012
        x_right = x02
    }
    ⑤// 绘制水平直线段
    for y = y0 to y2 {
        for x = x_left[y - y0] to x_right[y - y0] {
            canvas.PutPixel(x, y, color)
        }
    }
}
```

让我们看看这里发生了什么。函数以任意顺序接收三角形的3个顶点作为参数。我们的算法需要它们按照从下到上的顺序,所以我们按这种方式对它们进行排序①。接下来,我们为3条边的每个y值计算对应的x值②,并拼合来自两条短边的数组③。然后我们找出哪个是x_left,哪个是x_right④。最后,对于三角形顶部和底部之间的每条水平线段,我们得到它的左、右x坐标,并逐个像素地绘制线段⑤。

结果如图7-3所示。为了验证一下,我们分别调用DrawFilledTriangle和DrawWireframeTriangle,它们的坐标相同,但颜色不同。尽可能地验证结果——这是在代码中找到bug的一种非常有效的方法!

你可以在本书附件的/cgfs/triangle-demo下面找到该算法的实时实现,双击Filled triangle demo.html文件或者用浏览器打开该文件即可。

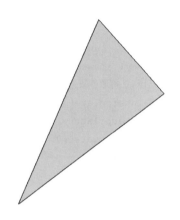

图7-3 一个填充三角形,带有用于验证的线框边缘

你可能会注意到,三角形的黑色轮廓与内部的绿色区域并不完全匹配,这在图7-3中三角形右下角的边附近尤其明显。这是因为DrawLine计算的是$y = f(x)$,而DrawTriangle计算的是$x = f(y)$,由于对计算结果进行四舍五入的关系,这可能会产生略微不同的结果。为了让我们的渲染算法更快,我们愿意接受这种近似误差。

7.3 总结

在本章中,我们开发了一种在画布上绘制填充三角形的算法。这是基于之前绘制线段的一次进步。我们还学会了把三角形看作一组可以单独处理的水平线段。

在第8章中,我们将扩展数学知识和算法来绘制一个用渐变颜色填充的三角形,算法背后的数学知识和推理将是本书案例中开发的其余功能的关键。

第**8**章
着色三角形

在第 7 章中,我们开发了一个算法来绘制用纯色填充的三角形。本章的目标是绘制一个着色三角形——一个带有渐变颜色的三角形。

8.1 定义问题

我们想用单一颜色的不同着色效果来填充三角形,效果如图 8-1 所示。

我们需要对我们要绘制的内容进行更正式的定义。我们有一个基色 C,例如 $(0, 255, 0)$——纯绿色。我们将为每个顶点分配一个实数值 h,表示顶点颜色的强度。h 在 $[0.0, 1.0]$ 范围内,其中 0.0 表示能够获得的最暗的着色效果(黑色),1.0 表示能够获得的最亮的着色效果(原始颜色,不是白色!)。

图8-1　一个着色三角形

已知三角形的基色 C 以及在某个像素处的强度值 h，为了计算该像素准确的颜色着色效果，我们按颜色通道进行乘法运算：$C_h = (R_C h, G_C h, B_C h)$。因此，$h = 0.0$ 表示生成纯黑色，$h = 1.0$ 表示生成原始颜色 C，而 $h = 0.5$ 表示生成强度为原始颜色强度一半的颜色。

8.2　计算边缘着色

为了绘制着色三角形，我们需要做的就是为三角形的每个像素计算 h 值，计算相应的颜色着色效果，然后绘制像素。这很简单！

然而，此时我们只知道三角形顶点的 h 值，因为它是我们选择的。我们如何计算三角形剩余部分的 h 值呢？

让我们从三角形的边开始，考虑边 AB。我们知道 h_A 和 h_B，在 AB 的中点 M 处会发生什么呢？由于我们希望强度值从 A 到 B 平滑变化，因此 h_M 的值必须介于 h_A 和 h_B 之间。既然 M 在 AB 的中间，为什么不选择 h_M 在 h_A 和 h_B 的中间——它们的平均值呢？

更正式地说，我们有一个函数 $h = f(P)$，它给每个点 P 赋予一个强度值 h，我们知道它在 A 和 B 处的值，分别是 $h(A) = h_A$ 和 $h(B) = h_B$。我们希望这个函数是平滑的。由于我们对 $h = f(P)$ 一无所知，因此我们可以选择与已知条件兼容的任何函数,例如线性函数,如图8-2所示。

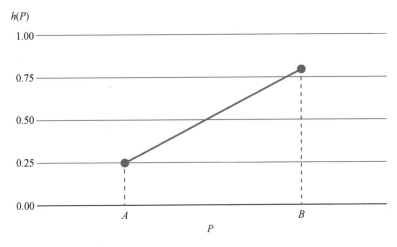

图8-2 一个线性函数$h(P)$与我们已知的$h(A)$和$h(B)$兼容

这与第7章的情况非常相似:我们有一个线性函数$x = f(y)$,我们知道这个函数在三角形顶点处的值,我们想要计算沿三角形边的x值。我们可以用非常相似的方式计算沿三角形边的h值,使用Interpolate插值函数将y作为自变量(我们知道的值)以及将h作为因变量(我们想要的值),计算过程如下所示。

```
x01 = Interpolate(y0, x0, y1, x1)
h01 = Interpolate(y0, h0, y1, h1)

x12 = Interpolate(y1, x1, y2, x2)
h12 = Interpolate(y1, h1, y2, h2)

x02 = Interpolate(y0, x0, y2, x2)
h02 = Interpolate(y0, h0, y2, h2)
```

接下来,我们将短边的x数组连接起来,然后确定x02和x012中哪个是x_left,哪个是x_right。同样,我们可以对三角形顶点的h值做类似的运算。

但是,我们将始终使用x值来确定哪一边是左边,哪一边是右边,而h值处理方式将只是"跟随"。x和h是屏幕上实际点的属性,因此我们不能随意混合和匹配左侧和右侧的值。

整个计算过程的伪代码如下所示。

```
// 拼合短边的x数组
remove_last(x01)
x012 = x01 + x12

remove_last(h01)
h012 = h01 + h12

// 决定哪条是左侧边,哪条是右侧边
m = floor(x012.length / 2)
if x02[m] < x012[m] {
    x_left = x02
    h_left = h02

    x_right = x012
    h_right = h012
} else {
    x_left = x012
    h_left = h012

    x_right = x02
    h_right = h02
}
```

这与第7章代码(清单7-1)的相关部分非常相似,除了每次对 x 进行操作,对相应的 h 也进行相同的操作。

8.3 计算内部着色

最后一步是绘制实际的水平线段。对于每条线段,我们知道 x_left 和 x_right,就像第7章讲的那样,现在我们还知道了 h_left 和 h_right。但这一次我们不能只从左到右迭代并使用基色绘制每个像素,我们还需要为线段的每个像素计算 h 的值。

　　同样,我们可以假设h随x线性变化,并使用Interpolate插值函数计算这些值。在这种情况下,自变量是x,它从我们正在着色的某条水平线段的x_left值到x_right值变化;因变量是h,与它相对应x_left和x_right的值为该段的h_left和h_right,计算过程如下所示。

```
x_left_this_y = x_left[y - y0]
h_left_this_y = h_left[y - y0]

x_right_this_y = x_right[y - y0]
h_right_this_y = h_right[y - y0]

h_segment = Interpolate(x_left_this_y, h_left_this_y,
                        x_right_this_y, h_right_this_y)
```

　　或者用更简洁的方式表达为下面这样。

```
h_segment = Interpolate(x_left[y - y0], h_left[y - y0],
                        x_right[y - y0], h_right[y - y0])
```

　　现在只需计算每个像素的颜色并绘制它! 清单8-1显示了DrawShadedTriangle的完整伪代码。

清单8-1　绘制着色三角形的函数

```
DrawShadedTriangle (P0, P1, P2, color)
    ①// 对顶点进行排序,从而使 y0 <= y1 <= y2
    if y1 < y0 { swap(P1, P0) }
    if y2 < y0 { swap(P2, P0) }
    if y2 < y1 { swap(P2, P1) }

    // 计算三角形各条边的x坐标和h值
    x01 = Interpolate(y0, x0, y1, x1)
    h01 = Interpolate(y0, h0, y1, h1)

    x12 = Interpolate(y1, x1, y2, x2)
    h12 = Interpolate(y1, h1, y2, h2)

    x02 = Interpolate(y0, x0, y2, h2)
    h02 = Interpolate(y0, h0, y2, h2)
```

```
// 拼合短边数组
remove_list(x01)
x012 = x01 + x12

remove_list(h01)
h012 = h01 + h12

// 决定哪条是左侧边,哪条是右侧边
m = floor(x012.length / 2)
if x02[m] < x012[m] {
    x_left = x02
    h_left = h02

    x_right = x012
    h_right = h012
} else {
    x_left = x012
    h_left = h012

    x_right = x02
    h_right = h02
}

// 绘制水平线段
②for y = y0 to y2 {
    x_l = x_left[y - y0]
    x_r = x_right[y - y0]

    ③h_segment = Interpolate(x_l, h_left[y - y0], x_r, h_right
                            [y - y0])
    for x = x_l to x_r {
        ④shaded_color = color * h_segment[x - x_l]
        canvas.PutPixel(x, y, shaded_color)
    }
}
}
```

该函数的伪代码与第7章中开发的函数的伪代码(清单7-1)非常相似。在水平线段的循环②之前,我们以类似的方式操作 x 和 h,如上所述。在循环内部,我们额外调用了 Interpolate③来计算当前水平线段中每个像素的 h 值。最后,在内嵌循环中,我们使用经过插值的 h 值来计算每个像素的颜色④。

请注意,我们像以前一样对三角形顶点进行排序①。但是,我们现在将这些顶点及其属性(例如强度值 h)视为一个不可分割的整体。也就是说,交换两个顶点的坐标也必须交换它们的属性。

你可以在本书附件的/cgfs/gradient-demo 目录下面找到该算法的实时实现,双击 Shaded triangle demo.html 文件或者用浏览器打开该文件即可。

8.4　总结

在本章中,我们扩展了第 7 章开发的三角形绘制代码,以绘制平滑着色的三角形。请注意,通过使用 1.0 作为所有 3 个顶点的 h 值,我们仍然可以使用本章开发的算法来绘制单色三角形。

这个算法背后的思想实际上比看起来更具有一般性。h 是强度值这一事实对算法的"形状"没有影响。我们只在最后,当我们将要调用 PutPixel 时,才赋予 h 值具体的意义。这意味着,对于三角形的每个像素,只要我们假设 h 值在屏幕上线性变化,我们就可以使用这个算法,利用 h 值的计算过程来计算三角形顶点的任何属性的值。

在接下来的章节中,我们将使用这个算法来改善我们的三角形的视觉效果。因此,在进一步学习之前,最好确保你真正理解了这个算法。

但是在第 9 章,我们要绕个"小弯"。掌握了在 2D 画布上绘制三角形后,我们将把注意力转向 3D 空间中的第 3 维。

第 **9** 章
透视投影

到目前为止,我们已经学会了在已知顶点的2D坐标的情况下在画布上绘制2D三角形。然而,本书的目标是渲染3D场景。因此,在本章中,我们要暂别2D三角形,重点讨论如何将3D场景坐标转换为2D画布坐标,然后我们将在2D画布上绘制3D三角形。

9.1 基本假设

就像我们在第2章开头所做的那样,我们将从定义相机(camera)开始。我们将使用与之前相同的约定:相机位于 $O = (0,0,0)$ 处,朝向 z_+ 的方向,其"向上"方向为 y_+。我们还将定义一个大小为 V_w 和 V_h 的矩形视口(viewport),它的边平行于 x 轴

和 y 轴,与相机的距离为 d。我们的目标是在画布上绘制相机通过视口看到的任何内容。如果你需要复习这些概念,请参阅第 2 章。

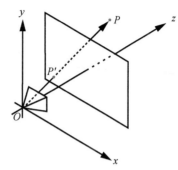

考虑相机前面某处的点 P。我们希望找到在视口上的点 P',相机通过它可以看到点 P。如图 9-1 所示。

这与我们对光线追踪所做的相反。光线追踪渲染器从画布中的一个点开始,并确定它可以通过该点看到什么;在这里,我们从场景中的一个点开始,并希望确定它在视口中的位置。

图 9-1 一个简单的透视投影设定。相机通过投影平面上的 P' 看到 P

9.2 查找 P' 点

为了找到 P',我们从不同的角度看一下图 9-1 所示的设定。图 9-2 显示了从"右侧"观察的设定图,就好像我们站在 x 轴上,那么此时:$\mathbf{y}_+$ 指向上方,$\mathbf{z}_+$ 指向右侧,$\mathbf{x}_+$ 指向我们。

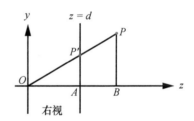

除了点 O、点 P 和点 P',图 9-2 还显示了点 A 和点 B,这有助于我们对其进行推理。

我们知道 $P'_z = d$,因为我们定义 P' 是视口上的一个点,我们知道视口嵌在平面 $z = d$[1] 中。

图 9-2 透视投影设定,从右侧看

我们还可以得出 $\triangle OP'A$ 和 $\triangle OPB$ 是相似三角形,因为它们的对应边($\overrightarrow{P'A}$ 和 $\overrightarrow{PB}$,$\overrightarrow{OP}$ 和 $\overrightarrow{OP'}$,$\overrightarrow{OA}$ 和 $\overrightarrow{OB}$)是平行的。这意味着它们各条边的比例是相同的,例如下面这样。

$$\frac{\left|\overrightarrow{P'A}\right|}{\left|\overrightarrow{OA}\right|} = \frac{\left|\overrightarrow{PB}\right|}{\left|\overrightarrow{OB}\right|}$$

---

1 平面 $z = d$ 表示由坐标 $z = d$ 的所有点组成的平面。——译者注

由此,我们得到下面的等式。

$$\left|\overrightarrow{P'A}\right| = \frac{\left|\overrightarrow{PB}\right| \cdot \left|\overrightarrow{OA}\right|}{\left|\overrightarrow{OB}\right|}$$

该等式中每条线段的(有符号)长度是我们已知或者感兴趣的点的坐标值:$\left|\overrightarrow{P'A}\right| = P'_y, \left|\overrightarrow{PB}\right| = P_y, \left|\overrightarrow{OA}\right| = P'_z = d$,以及$\left|\overrightarrow{OB}\right| = P_z$。如果我们在等式中替换这些,我们得到下面的结果。

$$P'_y = \frac{P_y \cdot d}{P_z}$$

我们还可以画一个类似的图,这次从上面观察设定图:z_+指向上方,x_+指向右侧,y_+指向我们,如图9-3所示。

以同样的方式再次使用相似三角形,我们可以推导出下面的结果。

$$P'_x = \frac{P_x \cdot d}{P_z}$$

我们现在拥有P'的坐标了。

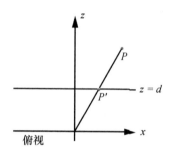

图9-3 透视投影设定的俯视图

9.3 透视投影方程

让我们把这些整理在一起。给定场景中的一个点P以及标准的相机和视口设置,我们可以计算P在视口上的投影,我们称之为P',结果如下所示。

$$P'_x = \frac{P_x \cdot d}{P_z}$$

$$P'_y = \frac{P_y \cdot d}{P_z}$$

$$P'_z = d$$

P'在视口中,但它仍然是3D空间中的一个点。我们如何在画布上得到相应的点?

我们可以立即删除 P'_z，因为每个投影点都在视口平面上。接下来我们需要将 P'_x 和 P'_y 转换为画布坐标 C_x 和 C_y。P' 仍然是场景中的一个点，所以它的坐标以场景单位表示。我们可以将它们分别除以视口的宽度和高度；这两个分式值也是用场景单位表示的，这样我们暂时获得了无单位值。最后，我们将两个分式分别乘用像素表示的画布宽度和高度，结果如下所示。

$$C_x = \frac{P'_x \cdot C_w}{V_w}$$

$$C_y = \frac{P'_y \cdot C_h}{V_h}$$

这种视口到画布的变换（viewport-to-canvas transform）与我们在本书的光线追踪部分中使用的画布到视口的变换（canvas-to-viewport transform）是完全相反的。有了透视投影方程，我们终于可以从场景中的一个点映射到屏幕上的一个像素了！

9.4 透视投影方程的性质

在我们继续展开新内容之前，透视投影方程有一些有趣的性质值得讨论。

上面的公式应该与我们在现实世界中观察事物的日常经验一致。例如，一个物体离得越远，它看起来就越小。事实上，如果我们增大 P_z，我们确实会得到更小的 P'_x 和 P'_y 值。

然而，当我们过多地减小 P_z 值时，事情就不再那么直观了。对于 P_z 的负值，即当一个物体在相机后面时，物体仍然被投影，但是它却是倒过来的！而且，当然，当 $P_z = 0$ 时，我们除以 0，"宇宙就会爆炸了"。我们需要找到一种方法来避免这些令人不愉快的情况发生。现在，我们假设每个点都在相机前面，并在后面的章节中处理这个问题。

透视投影的另一个基本性质是它保持点对齐：如果 3 个点在空间中对齐，它们的投影将在视口上对齐。换句话说，直线总是被投影成直线。这可能听起来太明显而不值得一提，但请注意，例如，两条线之间的夹角，经过投影变换之后，是没有保留的（也就是夹角会变化），在现实生活中，比如在高速公路上开车时，我们可以看到公路两侧的平行线"汇聚"在地平线上。

直线总是投影为直线这一事实对我们来说非常方便。到目前为止我们已经讨论了投影一个点，但是如何投影线段，甚至是三角形呢？由透视投影保持点对齐的性质可以得出，两点之间线段的投影就是两点投影之间的线段，三角形的投影是由其顶点的投影形成的三角形。

9.5 投影我们的第一个3D物体

我们可以继续前进，并且定义和绘制我们的第一个3D物体：一个立方体。我们定义它的8个顶点的坐标，然后获得构成立方体棱的12对顶点的投影，在这些顶点之间绘制线段，如清单9-1所示。

清单9-1 绘制一个立方体

```
ViewportToCanvas(x, y) {
    return (x * Cw/Vw, y * Ch/Vh);
}


ProjectVertex(v) {
    return ViewportToCanvas(v.x * d / v.z, v.y * d / v.z);
}

// "前面"4个顶点
vAf = [-1, 1, 1]
vBf = [ 1, 1, 1]
vCf = [ 1, -1, 1]
vDf = [-1, -1, 1]

// "背面"4个顶点
vAb = [-1, 1, 2]
vBb = [ 1, 1, 2]
vCb = [ 1, -1, 2]
vDb = [-1, -1, 2]
```

```
// 前面
DrawLine(ProjectVertex(vAf), ProjectVertex(vBf), BLUE);
DrawLine(ProjectVertex(vBf), ProjectVertex(vCf), BLUE);
DrawLine(ProjectVertex(vCf), ProjectVertex(vDf), BLUE);
DrawLine(ProjectVertex(vDf), ProjectVertex(vAf), BLUE);

// 背面
DrawLine(ProjectVertex(vAb), ProjectVertex(vBb), RED);
DrawLine(ProjectVertex(vBb), ProjectVertex(vCb), RED);
DrawLine(ProjectVertex(vCb), ProjectVertex(vDb), RED);
DrawLine(ProjectVertex(vDb), ProjectVertex(vAb), RED);

// 连接前、后面的4条边
DrawLine(ProjectVertex(vAf), ProjectVertex(vAb), GREEN);
DrawLine(ProjectVertex(vBf), ProjectVertex(vBb), GREEN);
DrawLine(ProjectVertex(vCf), ProjectVertex(vCb), GREEN);
DrawLine(ProjectVertex(vDf), ProjectVertex(vDb), GREEN);
```

我们得到如图9-4所示的结果。

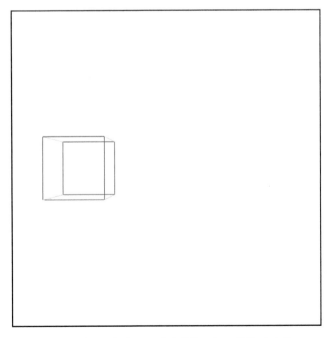

图9-4 我们投影在2D画布上的第一个3D物体：立方体

你可以在本书附件的/cgfs/perspective-demo目录下面找到该算法的实时实现，双击Perspective projection demo.html文件或者用浏览器打开该文件即可。

成功了！我们已经成功地把一个物体从它的几何3D表示变成了相机看到的它的2D表示！

不过，我们的方法非常依赖手动处理，它有很多限制。如果我们想渲染两个立方体怎么办？我们需要复制大部分代码吗？如果我们想渲染立方体以外的东西呢？如果我们想让用户从文件中加载3D模型怎么办？我们显然需要一种更强的数据驱动方法来表示3D几何图形。

9.6 总结

在本章中，我们开发了从场景中的3D点变换到画布上的2D点的数学运算。由于透视投影的性质，我们可以立即将其扩展到投影线段，然后扩展到投影3D物体。

但是，我们还有两个重要问题没有解决。首先清单9-1中的代码将透视投影逻辑与立方体的几何图形表示逻辑混合在一起，显然这种方法不具有扩展性。其次，由于透视投影方程的局限性，它无法处理相机后面的物体。我们将在接下来的两章中解决这些问题。

第**10**章
场景的描述和渲染

在前面几章中,我们开发了在给定2D坐标的情况下在画布上绘制2D三角形的算法,并且探索了将场景中点的3D坐标转换为画布上点的2D坐标所需的数学运算。

在第9章的末尾,我们拼凑了一个程序,使用上述两种方法在2D画布上渲染3D立方体。在本章中,我们要把这项工作形式化并且进行扩展,目标是渲染包含任意数量物体的整个场景。

10.1 表示一个立方体

让我们再思考一下如何表示和操作立方体,这次的目标是找到一种更通用的方法。立方体的棱长为 2 个单位,它们平行于坐标轴,并且以原点为中心,如图 10-1 所示。

以下是立方体顶点的坐标。

$A = (1, 1, 1)$

$B = (-1, 1, 1)$

$C = (-1, -1, 1)$

$D = (1, -1, 1)$

$E = (1, 1, -1)$

$F = (-1, 1, -1)$

$G = (-1, -1, -1)$

$H = (1, -1, -1)$

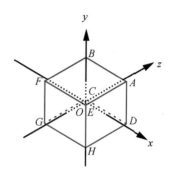

图 10-1 我们的标准立方体

立方体的表面是正方形,但是我们开发的算法适用于三角形。我们选择先绘制三角形的原因之一是任何其他多边形,包括正方形,都可以分解为三角形。因此,我们将使用两个三角形来表示立方体的每个正方形面。

然而,我们不能取立方体的任意 3 个顶点,并期望它们在立方体表面上描述一个三角形(例如,△ADG 在立方体内部)。这意味着顶点坐标本身并不能完全描述立方体,我们还需要知道哪 3 个顶点集合描述了组成立方体某一个表面的三角形。

以下是我们的立方体中一种可能的三角形列表。

△ABC

△ACD

△EAD

△EDH

△FEH

△FHG

△BFG

△BGC

△EFB

△*EBA*

△*CGH*

△*CHD*

这表明我们可以使用一个通用结构来表示由三角形组成的任何物体:一个顶点列表 Vertices,保存每个顶点的坐标;一个三角形列表 Triangles,指定一组3个顶点描述物体表面上的三角形。

三角形列表 Triangles 中的每个条目除了构成它的顶点之外,还可能包含其他信息,例如,这里是指定每个三角形颜色的最佳位置。

由于保存这一信息最自然的方式是将其保存在两个列表中,我们将使用列表索引来引用顶点列表中的顶点。所以我们的立方体是如下这样表示的。

```
Vertices
    0 = ( 1,  1,  1)
    1 = (-1,  1,  1)
    2 = (-1, -1,  1)
    3 = ( 1, -1,  1)
    4 = ( 1,  1, -1)
    5 = (-1,  1, -1)
    6 = (-1, -1, -1)
    7 = ( 1, -1, -1)
Triangles
    0 = 0, 1, 2, red
    1 = 0, 2, 3, red
    2 = 4, 0, 3, green
    3 = 4, 3, 7, green
    4 = 5, 4, 7, blue
    5 = 5, 7, 6, blue
    6 = 1, 5, 6, yellow
    7 = 1, 6, 2, yellow
    8 = 4, 5, 1, purple
    9 = 4, 1, 0, purple
   10 = 2, 6, 7, cyan
   11 = 2, 7, 3, cyan
```

对于用这种方式表示的物体,渲染它们非常简单:首先投影每个顶点,将它们存储在一个临时投影顶点列表中(因为每个顶点平均使用4次,这可避免大量重复工作);然后遍历三角形列表,渲染每个单独的三角形。大致的代码如清单10-1所示。

清单10-1 一种用于渲染任何由三角形组成的物体的算法

```
RenderObject(vertices, triangles) {
    projected = []
    for V in vertices {
        projected.append(ProjectVertex(V))
    }
    for T in triangles {
        RenderTriangle(T, projected)
    }
}

RenderTriangle(triangle, projected) {
    DrawWireframeTriangle(projected[triangle.v[0]],
                          projected[triangle.v[1]],
                          projected[triangle.v[2]],
                          triangle.color)
}
```

我们可以进一步将其直接应用于上面定义的立方体,但结果看起来不太好。这是因为它的一些顶点在相机后面,正如我们在第8章中讨论的那样,这会导致一些奇怪的事情发生。如果你查看顶点坐标和图10-1,你会注意到坐标原点 O——也是我们相机的位置,在立方体内部。

为了解决这个问题,我们只需要移动立方体。要做到这一点,我们需要将立方体的每个顶点向相同的方向移动。我们把这个移动方向和移动距离用 T 表示,源于英文单词translation的首字母。

我们将立方体向前平移7个单位,以确保它完全位于相机镜头前。我们还将其向左平移1.5个单位,以使其看起来更有立体感。由于"向前"是 z_+ 的方向,"向左"是 x_- 的方向,因此平移向量就表示为下面这样。

$$T = \begin{pmatrix} -1.5 \\ 0 \\ 7 \end{pmatrix}$$

为了计算立方体中每个顶点 V 的平移版本 V'，我们只需要利用平移向量对顶点进行平移运算，如下所示。

$$V' = V + T$$

此时，我们可以读取立方体数据，平移每个顶点，然后应用清单 10-1 中的算法来获得我们的第一个 3D 立方体，如图 10-2 所示。

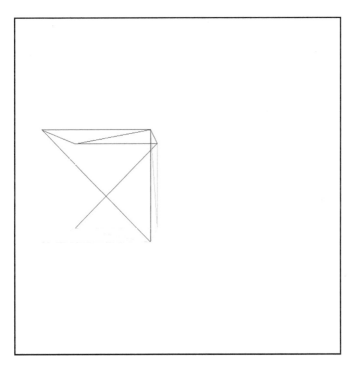

图 10-2　将我们的立方体平移到相机前，用线框三角形渲染

你可以在本书附件的 /cgfs/scene-demo 目录下面找到这个算法的实时实现，双击 Scene setup demo 1.html 文件或者用浏览器打开该文件即可。

10.2　模型和模型实例

如果我们想渲染两个立方体怎么办？一种不成熟的方法是创建一组新的顶点

和三角形来描述第二个立方体。这行得通,但会浪费大量内存。如果我们想渲染一百万个立方体怎么办?

更好的方法是从模型(model)和实例(instance)的角度进行思考。模型是一组顶点和三角形,它们以一种通用的方式描述某一个物体,比如"一个立方体有8个顶点和6个面"。另一方面,模型的实例描述了该模型在场景中的具体存在,比如"在(0,0,5)处有一个立方体"。

我们如何将这个想法应用于实践呢?我们可以对场景中的每个独特物体进行单一描述,然后通过指定它们的坐标来放置它的多个副本。非正式地,这就像说:"这就是立方体的样子,这里、这里和那里都有立方体。"

以下是我们使用这种方法描述的粗略近似场景。

```
model {
    name = cube
    vertices {
        ...
    }
    triangles {
        ...
    }
}
instance {
    model = cube
    position = (0, 0, 5)
}
instance {
    model = cube
    position = (1, 2, 3)
}
```

为了渲染这个场景,我们只需要遍历保存实例的列表。对于每个实例,我们复制模型的顶点,根据实例的位置平移它们,然后像以前一样渲染它们,如清单10-2所示。

清单10-2　一种渲染场景的算法,该场景可以包含多个物体的多个实例,每个实例位于不同的位置

```
RenderScene() {
    for I in scene.instances {
        RenderInstance(I);
    }
}


RenderInstance(instance) {
    projected = []
    model = instance.model
    for V in model.vertices {
        V' = V + instance.position
        projected.append(ProjectVertex(V'))
    }
    for T in model.triangles {
        RenderTriangle(T, projected)
    }
}
```

如果我们希望这个算法按照我们期望的那样工作,模型上顶点的坐标应该在一个对物体"有意义"的坐标系中定义,我们称这个坐标系为模型空间(model space)。例如,我们定义立方体,使其中心为$(0,0,0)$,这意味着当我们说"位于$(1,2,3)$的立方体"时,我们的意思是"以$(1,2,3)$为中心的立方体"。

对模型空间中定义的顶点应用实例平移后,转换后的顶点现在在场景的坐标系中表示,我们称这个坐标系为世界空间(world space)。

没有定义模型空间的硬性规则,这取决于具体的应用需要。例如,如果你有一个人体的模型,把坐标系的原点放在他们的脚上可能是明智的。

图10-3显示了一个包含两个立方体实例的简单场景。

你可以在本书附件的/cgfs/instances-demo目录下面找到这个算法的实时实现,双击Scene setup demo 2.html文件或者用浏览器打开该文件即可。

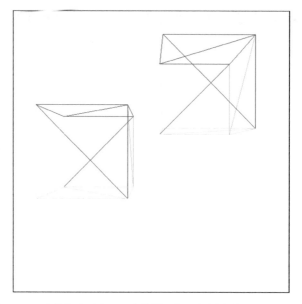

图10-3 一个场景,包含相同立方体模型的两个实例,放置在不同的位置

10.3 模型变换

上面描述的场景定义并没有给我们带来很大的灵活性。由于我们只能指定立方体的位置(position),因此我们可以实例化任意数量的立方体,但它们都将面向同一方向。一般来说,我们希望对实例有更多的控制,如指定它们的方位甚至是它们的缩放比例。

从理论上讲,我们可以使用3个元素定义模型变换(model transform),分别是缩放因子、模型空间中围绕原点的旋转以及到场景中特定点的平移。

```
instance {
    model = cube
    transform {
        scale = 1.5
        rotation = <45 degrees around the Y axis>
        translation = (1, 2, 3)
    }
}
```

我们可以扩展清单10-2中的算法从而适应这些新的模型变换。然而,我们应用变换的顺序很重要,尤其是平移必须最后完成。这是因为大多数时候我们想要在模型空间中围绕它们的原点旋转和缩放实例,所以我们需要在它们转换到世界空间之前这样做。

要了解不同变换结果的差异,请查看图10-4,其中显示了围绕原点旋转45°,然后沿z轴平移的效果。

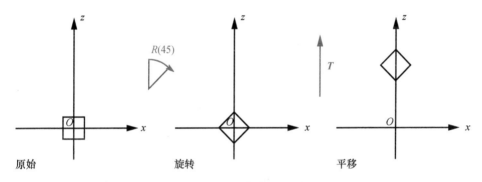

图 10-4 应用旋转然后平移

图10-5显示了在旋转前先应用平移的效果。

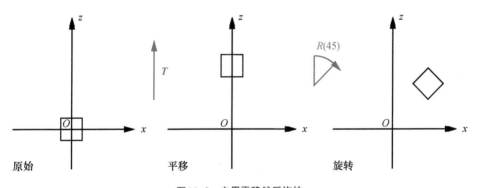

图 10-5 应用平移然后旋转

严格来说,对于给定一次旋转后跟一次平移的变换,我们可以找到一次平移后跟一次旋转(可能不是围绕原点)的变换达到相同的结果。然而,使用前一种变换要自然得多。

我们可以编写一个支持缩放、旋转和移动位置的新版本 RenderInstance，如清单 10-3 所示。

清单 10-3 一种渲染场景的算法，该场景可以包含多个物体的多个实例，每个实例具有不同的变换

```
RenderInstance(instance) {
    projected = []
    model = instance.model
    for V in model.vertices {
        V' = ApplyTransform(V, instance.transform)
        projected.append(ProjectVertex(V'))
    }
    for T in model.triangles {
        RenderTriangle(T, projected)
    }
}
```

ApplyTransform 函数如清单 10-4 所示。

清单 10-4 以正确的顺序将变换应用到顶点的函数

```
ApplyTransform(vertex, transform) {
    scaled = Scale(vertex, transform.scale)
    rotated = Rotate(scaled, transform.rotation)
    translated = Translate(rotated, transform.translation)
    return translated
}
```

10.4 相机变换

前几节探讨了如何将模型实例放置在场景中的不同位置。在本节中，我们将探索如何在场景中移动和旋转相机。

想象一下，你是一个飘浮在一个完全空白的坐标系中的相机。突然，一个红色的立方体正好出现在你的面前，如图 10-6 所示。

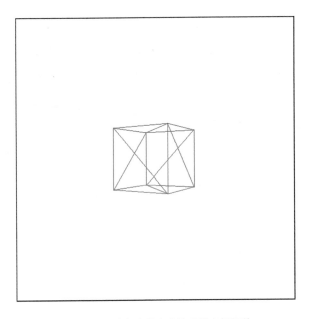

图 10-6 一个红色的立方体出现在相机前

1s后，立方体向相机移动了1个单位，如图10-7所示。

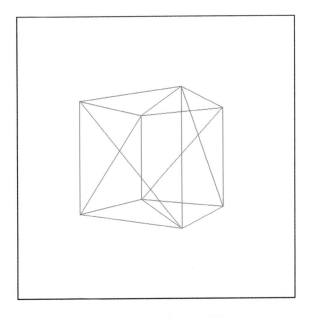

图 10-7 红色立方体朝着相机移动

但是这个立方体真的向相机移动了1个单位吗？还是相机向着立方体移动了1个单位？因为根本没有参考点，而且坐标系也不可见，所以我们无法通过所看到的内容来判断，因为在这两种情况下，立方体和相机的相对位置（relative position）是相同的，如图10-8所示。

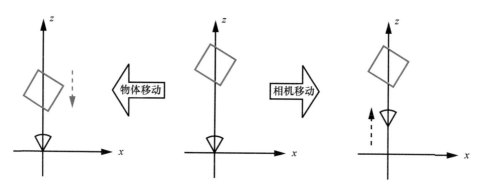

图10-8　没有坐标系，我们无法判断是物体移动还是相机移动

现在立方体围绕相机顺时针旋转45°。真的是这样吗？也许是相机逆时针旋转了45°？同样，无法分辨，如图10-9所示。

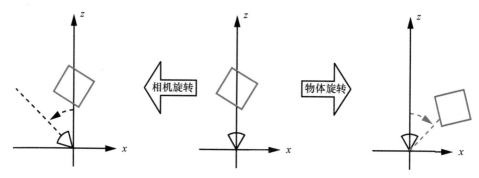

图10-9　没有坐标系，我们就无法判断是物体旋转了还是相机旋转了

这个实验表明，在固定的场景中旋转和平移相机与固定相机而旋转和平移场景是没有区别的。

这种"明显以自我为中心"的宇宙观的优势在于，通过将相机固定在原点并指向z_+，我们可以使用第9章中推导出的透视投影方程而无须任何修改。相机的坐标系称为相机空间(camera space)。

假设相机也附加了变换,包括平移和旋转。为了从相机的视野渲染场景,我们需要对场景的每个顶点应用相反的变换,如下所示。

$$V_{\text{translated}} = V_{\text{scene}} - \text{camera.translation}$$

$$V_{\text{cam\_space}} = \text{inverse}(\text{camera.rotation}) \cdot V_{\text{translated}}$$

$$V_{\text{projected}} = \text{perspective\_projection}(V_{\text{cam\_space}})$$

请注意,我们使用旋转矩阵表示旋转[1]。有关这方面的更多详细信息,可参阅附录。

10.5 变换矩阵

现在我们已经可以在场景中移动相机和模型实例,让我们后退一步,考虑在模型空间中的顶点 V_{model} 发生的所有事情,直到它被投影到画布点(c_x, c_y)。

我们首先应用模型变换从模型空间变换到世界空间。

$$V_{\text{model\_scaled}} = \text{intance.scale} \cdot V_{\text{model}}$$

$$V_{\text{model\_rotated}} = \text{instance.rotation} \cdot V_{\text{model\_scaled}}$$

$$V_{\text{world}} = V_{\text{model\_rotated}} + \text{instance.translation}$$

然后我们应用相机变换从世界空间变换到相机空间。

$$V_{\text{translated}} = V_{\text{world}} - \text{camera.translation}$$

$$V_{\text{camera}} = \text{inverse}(\text{camera.rotation}) \cdot V_{\text{translated}}$$

接下来,我们应用透视方程来获得视口坐标。

$$v_x = \frac{V_{\text{camera }x} \cdot d}{V_{\text{camera }z}}$$

$$v_y = \frac{V_{\text{camera }y} \cdot d}{V_{\text{camera }z}}$$

最后我们将视口坐标映射到画布坐标。

1　这里作者把公式与代码混在一起,camera.translation 使用向量形式,camera.rotation 使用矩阵形式。——译者注

$$c_x = \frac{v_x \cdot c_w}{v_w}$$

$$c_y = \frac{v_y \cdot c_h}{v_h}$$

如你所见,每个顶点都需要大量的计算公式和大量的中间值。如果我们能把这些计算公式简化成更紧凑、更高效的形式不是更好吗?

下面我们将模型变换方程表示为函数,这些函数取一个顶点并返回经过变换的顶点。设 C_T 和 C_R 为相机的平移函数和旋转函数,I_R、I_S 和 I_T 为模型实例的旋转函数、缩放函数和平移函数,P 为透视投影函数,M 为视口到画布的映射函数。如果 V 是原始顶点,V' 是画布上的点,我们可以像下面这样表示以上所有的方程。

$$V' = M(P(C_R^{-1}(C_T^{-1}(I_T(I_R(I_S(V)))))))$$

理想情况下,我们想要用一个单一的变换 F 来完成一系列原始变换所做的事情,但它有一个更简单的表达式。

$$F = M \cdot P \cdot C_R^{-1} \cdot C_T^{-1} \cdot I_T \cdot I_R \cdot I_S$$

$$V' = F(V)$$

要找到一种简单的方法来表示 F 并非易事。我们面前的主要障碍是要以不同的方式表示每个变换:我们将平移表示为点和向量的加法,将旋转表示为矩阵和点的乘法,将缩放表示为实数和点的乘法,将透视投影表示为实数乘法和除法。但是如果我们可以用同样的方式表达所有的变换,并且这种方式有一种组合变换的机制,我们就可以得到我们想要的简单的方法。

10.6　齐次坐标

考虑 $A = (1, 2, 3)$,A 表示一个 3D 点还是一个 3D 向量? 如果我们不知道 A 在什么情况下被使用,就没有办法知道这个问题的答案。

但是我们添加第 4 个值,名为 w,把 A 标记为一个点或向量。如果 $w = 0$,它是一个向量;如果 $w = 1$,它是一个点。所以向量 A 被表示为 $(1, 2, 3, 0)$,而点 A 被明确

地表示为 $A = (1, 2, 3, 1)$。

由于点和向量具有相同的表示方式,因此这些四分量坐标被称为齐次坐标(homogeneous coordinate)。齐次坐标有更深入、更复杂的几何解释,但这超出了本书的范围。这里,我们只是把它们作为一个方便的工具。

处理以齐次坐标表示的点和向量与它们的几何解释是一致的。例如,两个点相减会得到一个向量,如下所示。

$$(8,4,2,1)-(3,2,1,1)=(5,2,1,0)$$

两个向量相加产生另一个向量,如下所示。

$$(0,0,1,0)+(1,0,0,0)=(1,0,1,0)$$

同样地,很容易看到点和向量相加得到点,向量乘标量得到向量,就像我们期望的那样。

那么 w 值不是 0 或 1 的坐标代表什么?它们也代表点。事实上,3D 中的任何点在齐次坐标中都有无限多种表现形式。重要的是坐标和 w 值之间的比率。例如,$(1, 2, 3, 1)$ 和 $(2, 4, 6, 2)$ 表示相同的点,$(-3, -6, -9, -3)$ 也是如此。

在这些表示中,我们称 $w = 1$ 的这个点为齐次坐标中的正则表示(canonical representation)。将任何其他表示转换为其正则表示或笛卡儿坐标是很简单的,如下所示。

$$\begin{pmatrix} x \\ y \\ z \\ w \end{pmatrix} = \begin{pmatrix} \dfrac{x}{w} \\ \dfrac{y}{w} \\ \dfrac{z}{w} \\ 1 \end{pmatrix} \rightarrow \begin{pmatrix} \dfrac{x}{w} \\ \dfrac{y}{w} \\ \dfrac{z}{w} \end{pmatrix}$$

所以我们可以把笛卡儿坐标转换成齐次坐标,再转换回笛卡儿坐标。但这如何帮助我们找到所有变换的单一表示呢?

10.6.1 齐次旋转矩阵

让我们从旋转矩阵开始。将笛卡儿坐标系中的 3×3 旋转矩阵转换为齐次坐标系中的 4 × 4 旋转矩阵是很容易的。因为点的 w 坐标不应该改变,所以我们在矩阵右侧添加一列,在底部添加一行,用0填充它们,并在右下角放置一个元素1以保持 w 的值不变。

$$\begin{pmatrix} A & B & C \\ D & E & F \\ G & H & I \end{pmatrix} \cdot \begin{pmatrix} x \\ y \\ z \end{pmatrix} = \begin{pmatrix} x' \\ y' \\ z' \end{pmatrix} \rightarrow \begin{pmatrix} A & B & C & 0 \\ D & E & F & 0 \\ G & H & I & 0 \\ 0 & 0 & 0 & 1 \end{pmatrix} \cdot \begin{pmatrix} x \\ y \\ z \\ 1 \end{pmatrix} = \begin{pmatrix} x' \\ y' \\ z' \\ 1 \end{pmatrix}$$

10.6.2 齐次缩放矩阵

在齐次坐标系中,缩放矩阵也是很容易的,它的构造方法与旋转矩阵的相同。

$$\begin{pmatrix} S_x & 0 & 0 \\ 0 & S_y & 0 \\ 0 & 0 & S_z \end{pmatrix} \cdot \begin{pmatrix} x \\ y \\ z \end{pmatrix} = \begin{pmatrix} xS_x \\ yS_y \\ zS_z \end{pmatrix} \rightarrow \begin{pmatrix} S_x & 0 & 0 & 0 \\ 0 & S_y & 0 & 0 \\ 0 & 0 & S_z & 0 \\ 0 & 0 & 0 & 1 \end{pmatrix} \begin{pmatrix} x \\ y \\ z \\ 1 \end{pmatrix} = \begin{pmatrix} xS_x \\ yS_y \\ zS_z \\ 1 \end{pmatrix}$$

10.6.3 齐次平移矩阵

旋转和缩放矩阵很容易,它们已经在笛卡儿坐标系中被表示为矩阵乘法了,我们只需要添加一个1来保持 w 坐标不变。但是对于平移,我们能做什么呢?平移在笛卡儿坐标系中使用的是加法。

我们要寻找一个 4 × 4 的矩阵,使得下面的等式成立。

$$\begin{pmatrix} T_x \\ T_y \\ T_z \\ 0 \end{pmatrix} + \begin{pmatrix} x \\ y \\ z \\ 1 \end{pmatrix} = \begin{pmatrix} A & B & C & D \\ E & F & G & H \\ I & J & K & L \\ M & N & O & P \end{pmatrix} \cdot \begin{pmatrix} x \\ y \\ z \\ 1 \end{pmatrix} = \begin{pmatrix} x + T_x \\ y + T_y \\ z + T_z \\ 1 \end{pmatrix}$$

让我们先专注于获得 $x + T_x$。这个值是矩阵的第一行和一个点相乘的结果,像下面这样。

$$(A \quad B \quad C \quad D) \cdot \begin{pmatrix} x \\ y \\ z \\ 1 \end{pmatrix} = x + T_x$$

如果我们展开向量乘法,我们得到下面的等式。

$$Ax + By + Cz + D = x + T_x$$

从这里我们可以推导出 $A = 1, B = C = 0$，以及 $D = T_x$。

对其余坐标进行类似的推导，我们得到平移的矩阵表达式如下所示。

$$\begin{pmatrix} T_x \\ T_y \\ T_z \\ 0 \end{pmatrix} + \begin{pmatrix} x \\ y \\ z \\ 1 \end{pmatrix} = \begin{pmatrix} 1 & 0 & 0 & T_x \\ 0 & 1 & 0 & T_y \\ 0 & 0 & 1 & T_z \\ 0 & 0 & 0 & 1 \end{pmatrix} \cdot \begin{pmatrix} x \\ y \\ z \\ 1 \end{pmatrix} = \begin{pmatrix} x + T_x \\ y + T_y \\ z + T_z \\ 1 \end{pmatrix}$$

10.6.4 齐次投影矩阵

求和以及乘法运算很容易表示为矩阵和向量的乘法。但是透视投影方程中有一个除以 z 的式子，我们应该如何表示呢？

你可能会想除以 z 和乘 $1/z$ 是一样的，你可能想通过把 $1/z$ 放入矩阵来解决这个问题。但是，我们应该把哪个 z 坐标放在这里呢？我们希望这个投影矩阵适用于每个输入点，所以硬编码任意点的 z 坐标并不能得到我们想要的结果。

幸运的是，齐次坐标确实有一个除法实例：变换回笛卡儿坐标时除以 w 坐标。如果我们能够设法使原始点的 z 坐标显示为"投影"点的 w 坐标，那么当我们将这个点变换回笛卡儿坐标时，我们就会得到投影的 x 和 y，如下所示。

$$\begin{pmatrix} A & B & C & D \\ E & F & G & H \\ I & J & K & L \end{pmatrix} \cdot \begin{pmatrix} x \\ y \\ z \\ 1 \end{pmatrix} = \begin{pmatrix} xd \\ yd \\ z \end{pmatrix} \rightarrow \begin{pmatrix} \dfrac{xd}{z} \\ \dfrac{yd}{z} \end{pmatrix}$$

注意这是一个 3 × 4 的矩阵，它可以乘一个四元素向量（齐次坐标中的经过变换的 3D 点），它会产生一个三元素向量（齐次坐标中的被投影的 2D 点），然后通过除以 w 将其转换为 2D 笛卡儿坐标。这样我们就得到了我们想要的 x' 和 y' 的值。这里缺少的是 z'，根据定义，它等于 d。

采用与推导平移矩阵相同的推理方法，我们可以将透视投影表示为以下公式。

$$\begin{pmatrix} d & 0 & 0 & 0 \\ 0 & d & 0 & 0 \\ 0 & 0 & 1 & 0 \end{pmatrix} \cdot \begin{pmatrix} x \\ y \\ z \\ 1 \end{pmatrix} = \begin{pmatrix} xd \\ yd \\ z \end{pmatrix} \rightarrow \begin{pmatrix} \dfrac{xd}{z} \\ \dfrac{yd}{z} \end{pmatrix}$$

10.6.5 齐次视口–画布变换矩阵

这一步是将视口上的投影点映射到画布。这是一个2D缩放变换 $S_x = \dfrac{c_\text{w}}{v_\text{w}}$ 和

$S_y = \dfrac{c_\text{h}}{v_\text{h}}$。因此这个变换矩阵如下所示。

$$\begin{pmatrix} \dfrac{c_\text{w}}{v_\text{w}} & 0 & 0 \\ 0 & \dfrac{c_\text{h}}{v_\text{h}} & 0 \\ 0 & 0 & 1 \end{pmatrix} \cdot \begin{pmatrix} x \\ y \\ z \end{pmatrix} = \begin{pmatrix} \dfrac{xc_\text{w}}{v_\text{w}} \\ \dfrac{yc_\text{h}}{v_\text{h}} \\ z \end{pmatrix}$$

事实上，我们很容易将其与投影矩阵结合起来，得到一个简单的3D到画布的变换矩阵。

$$\begin{pmatrix} \dfrac{dc_\text{w}}{v_\text{w}} & 0 & 0 & 0 \\ 0 & \dfrac{dc_\text{h}}{v_\text{h}} & 0 & 0 \\ 0 & 0 & 1 & 0 \end{pmatrix} \cdot \begin{pmatrix} x \\ y \\ z \\ 1 \end{pmatrix} = \begin{pmatrix} \dfrac{xdc_\text{w}}{v_\text{w}} \\ \dfrac{ydc_\text{h}}{v_\text{h}} \\ z \end{pmatrix} \rightarrow \begin{pmatrix} \left(\dfrac{xd}{z}\right)\left(\dfrac{c_\text{w}}{v_\text{w}}\right) \\ \left(\dfrac{yd}{z}\right)\left(\dfrac{c_\text{h}}{v_\text{h}}\right) \end{pmatrix}$$

10.7 回顾变换矩阵

在完成这些工作后，我们可以将模型顶点 V 转换为画布像素 V' 所需的每一个变换函数表示为矩阵形式。此外，我们可以通过将它们相应的矩阵相乘来组合这些变换。所以我们可以将整个变换序列表示为单个矩阵，如下所示。

$$F = M \cdot P \cdot C_\text{R}^{-1} \cdot C_\text{T}^{-1} \cdot I_\text{T} \cdot I_\text{R} \cdot I_\text{S}$$

现在变换一个顶点仅仅使用到计算矩阵与点的乘法，如下所示。

$$V' = FV$$

此外，我们可以将变换分解为3个部分，如下所示。

$$M_\text{Projection} = M \cdot P$$
$$M_\text{Camera} = C_\text{R}^{-1} \cdot C_\text{T}^{-1}$$
$$M_\text{Model} = I_\text{T} \cdot I_\text{R} \cdot I_\text{S}$$

$$M = M_{\text{Projection}} \cdot M_{\text{Camera}} \cdot M_{\text{Model}}$$

这些矩阵不需要为每个顶点从头计算,这就是使用矩阵的意义所在。因为矩阵乘法是符合结合律的,我们可以重用表达式中不变的部分。

$M_{\text{Projection}}$应该很少改变,它只取决于视口的大小和画布的大小。例如,当应用程序从正常窗口变为全屏时,画布的大小会发生变化。只有当相机的视野发生变化时,视口的大小才会改变,但这种情况并不经常发生。

M_{Camera}每一帧都可能发生改变,它取决于相机的位置和方位,所以如果相机在移动或旋转,就需要重新计算。不过,一旦计算完毕,它将对帧中绘制的每个物体保持不变,因此每帧最多只需要计算一次。

对于场景中的每个实例,M_{Model}都是不同的。然而,对于不移动的实例(如树木和建筑),它将随着时间的推移保持不变,所以它可以计算一次并存储在场景本身中。对于移动的物体(例如赛车游戏中的汽车),它需要在每次移动时都进行计算(可能是每一帧)。

比较抽象的场景渲染伪代码如清单10-5所示。

清单10-5 一种使用变换矩阵渲染场景的算法

```
RenderModel(model, transform) {
    projected = []
    for V in model.vertices {
        projected.append(ProjectVertex(transform * V))
    }
    for T in model.triangles {
        RenderTriangle(T, projected)
    }
}

RenderScene() {
    M_camera = MakeCameraMatrix(camera.position, camera.orientation)

    for I in scene.instances {
        M = M_camera * I.transform
        RenderModel(I.model, M)
    }
}
```

我们现在可以绘制一个包含多个不同模型实例的场景,相机可能会四处移动和旋转,并且相机可以在整个场景中移动。图10-10显示了我们的立方体模型的两个实例,每个实例都有不同的变换(包括平移和旋转),由场景中一个经过平移和旋转的相机渲染得到。

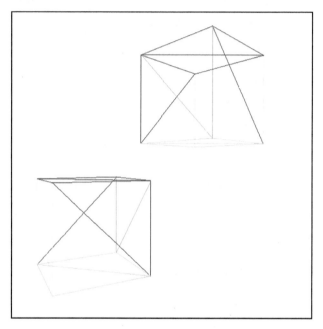

图10-10 场景中由同一个立方体模型渲染的两个不同变换的实例,
由场景中同一个相机渲染得到

你可以在本书附件的/cgfs/transforms-demo目录下面找到这个算法的实时实现,双击Camera placement demo.html文件或者用浏览器打开该文件即可。

10.8 总结

本章涉及很多内容。我们首先探讨了如何表示由三角形构成的立方体模型。然后我们介绍了如何将我们在第9章推导的透视投影方程应用到整个模型中,从而基于一个抽象的3D模型得到它在屏幕上的表现。

接下来,我们开发了一种方法,可以在场景中拥有同一模型的多个实例,而不需要模型本身的多个副本。然后我们带领读者发现了如何解除迄今为止我们在模型使用中受到的一处限制(我们的相机不再需要固定在坐标系的原点或指向z_+)的方法。

最后,我们探索了如何将我们需要应用到顶点的所有变换表示为齐次坐标系下的矩阵乘法,这允许我们将许多连续的变换压缩为仅3个矩阵,从而减少渲染场景所需的计算。其中一个矩阵用于透视投影和视口到画布映射,一个矩阵用于模型的实例变换,一个矩阵用于相机变换。

对于我们能够在场景中表示的内容来说,这些方法给予了我们很大的灵活性,还允许我们在场景中移动相机。但是我们仍然面临两处重要的限制。首先,移动相机意味着物体可能会出现在相机后面,这会引发各种问题。其次,渲染结果看起来不太好,它仍然是一个线框图像。

请注意,出于实际应用的原因,我们不会在本书的其余部分使用完整的投影矩阵。相反,我们将分别使用模型变换和相机变换,然后将它们的结果转换回笛卡儿坐标,如下所示。

$$x' = \frac{xdc_w}{zv_w}$$

$$y' = \frac{ydc_h}{zv_h}$$

这样允许我们在3D场景中进行更多运算,这些运算在我们投影这些顶点之前无法表示为矩阵变换。

在第11章中,我们将处理那些"不可见"的物体,然后第12章以后的篇幅用于使渲染的物体看起来更好。

第**11**章

裁剪

在第 9 章和第 10 章中，我们开发了将场景的 3D
定义转换为我们可以在画布上绘制的 2D 形状的方程
和算法；我们开发了一个场景结构，允许我们定义 3D
模型，并将这些模型的实例放置在场景中；我们开发
了一种算法，可以让我们从任何角度渲染场景。

然而，这种做法暴露了一个我们一直在处理的限
制：透视投影方程只适用于相机前面的点。由于我们现在可以围绕场景移动和旋
转相机，这就产生了一个问题：相机后面的点如何处理。

在本章中，我们将开发解除此限制所必需的技术：我们将探索如何识别相机后
面的点、三角形和整个物体，并开发处理它们的技术。

11.1 裁剪过程概述

回顾第9章,我们得到了以下方程。

$$P'_x = \frac{P_x \cdot d}{P_z}$$

$$P'_y = \frac{P_y \cdot d}{P_z}$$

P_z 作为除数是有问题的,它会导致除以0的现象出现。此外,相机后面的点 z 的值为负,我们目前无法正确处理。即使是在相机前面但非常靠近相机的点,也会因为严重扭曲的物体表现形式而造成麻烦。

为了避免这些有问题的情况出现,我们选择不渲染投影平面 $z = d$ 后面的任何物体。裁剪平面(clipping plane)让我们将任何点分类为裁剪体(clipping volume)的内部(inside)或外部(outside)——相对于相机而言,由其可见部分组成的空间子集。在这种情况下,裁剪体是" $z = d$ 前面的任何东西"。我们将只渲染裁剪体内部的这部分场景。

11.2 裁剪体

使用单个裁剪平面来确保相机后面没有物体被渲染即可得到正确的结果,但这不是完全有效的。有些物体可能在相机前面,但仍然不可见。例如,靠近投影平面但在相机右侧很远的物体的投影,会被投影到视口之外,因此将不可见,如图11-1所示。

对于这样的物体,我们对它做投影运算所使用的任何计算资源,加上为渲染它所做的以三角形为基础和以顶点为基础的计算,都将被浪费。完全忽略这些物体会更有效。

为了做到这一点,我们可以定义额外的平面来裁剪场景,只保留在视口中可见的那部分场景,这些平面由相机和视口的4条侧边定义,如图11-2所示。

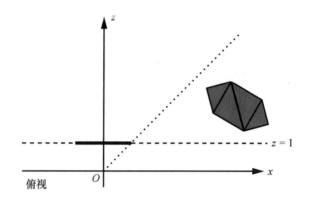

图11-1 位于相机前方但被投影到视口之外的物体

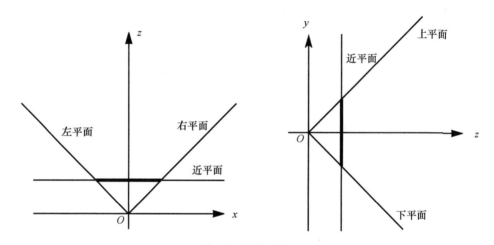

图11-2 定义我们的裁剪体的5个平面

　　每个裁剪平面将空间分成两部分,我们称之为半空间(half-space)。内部半空间是平面前面的所有东西,外部半空间是它后面的所有东西。我们定义的裁剪体的内部是每个裁剪平面定义的内部半空间的交集(intersection)。在这种情况下,裁剪体看起来像一个无限高的金字塔,只是顶部被砍掉了。

　　这意味着要在一个裁剪体上裁剪场景,我们只需要在定义裁剪体的每个平面上连续地裁剪它。无论何种几何图形,在经过一个平面裁剪后,如果它仍然处于裁剪体内部,则会继续在其余的平面上进行裁剪。当场景被所有的平面裁剪完之后,剩下的几何图形就是场景被裁剪体裁剪的结果。

接下来,我们来看看如何针对每个裁剪平面裁剪场景。

11.3 使用平面裁剪场景

考虑一个包含多个物体的场景,每个物体由 4 个三角形组成,如图 11-3 所示。

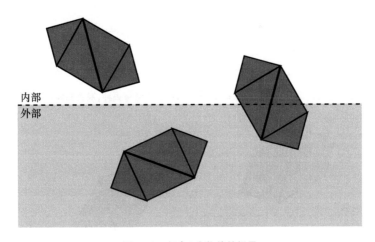

图 11-3 包含 3 个物体的场景

我们执行的操作越少,我们的渲染器就会越快。在一个裁剪平面上裁剪场景会经过一系列的阶段。每个阶段都会尝试将尽可能多的几何图形分类为接受(accept)或丢弃(discard),这取决于它是在裁剪平面(该平面的裁剪体)定义的半空间内部还是外部。任何无法分类的几何图形都将进入下一阶段,对其进行更详细的研究。

首先,尝试一次性对整个物体进行分类。如果一个物体完全在裁剪体内部,则它被接受,如图 11-4 所示的绿色物体。如果一个物体完全在裁剪体外部,则将其丢弃,如图 11-4 所示的红色物体。

如果一个物体不能被完全接受或丢弃,我们就进入下一阶段,对它的每个三角形进行独立的分类。如果三角形完全在裁剪体内部,它是被接受的;如果三角形完全在外部,则将其丢弃,如图 11-5 所示。

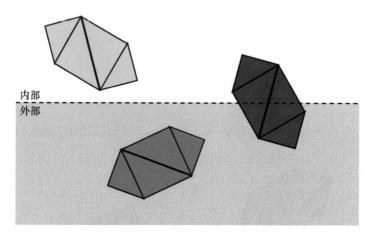

图11-4　在物体级别进行裁剪。绿色物体被接受,红色物体被丢弃,灰色物体需要进一步处理

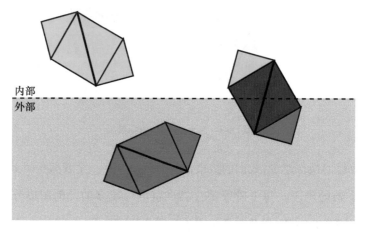

图11-5　在三角形级别进行裁剪。最右边物体的每个三角形要么被接受,
要么被丢弃,要么需要进一步处理

　　最后,对于每个既没有被接受也没有被丢弃的三角形,我们需要裁剪三角形本身。将原来的三角形移除,并添加一个或两个新的三角形来覆盖裁剪体内部的三角形部分,如图11-5中右侧图形中间两个灰色三角形被移除,被图11-6中新的三角形所替代。

　　现在我们已经对裁剪的工作原理有了清晰的理解,我们将开发算法来创建一个有效的实现。

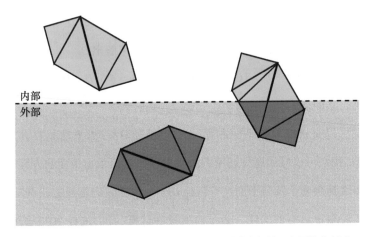

图 11-6　在顶点级别进行裁剪。部分位于裁剪体内部的三角形被分割成
一个或两个完全位于裁剪体内部的三角形

11.4　定义裁剪平面

让我们从投影平面 $z = d$ 的方程开始，我们要用它作为裁剪平面。这个方程很容易理解，但对于我们的目的来说，它并不是最方便或最通用的形式。

3D 空间中平面上点的一般方程是 $Ax + By + Cz + D = 0$，这意味着，对于点 $P = (x, y, z)$，当且仅当点 P 在平面上时，该点才满足上述方程。如果我们将系数 (A, B, C) 组合到向量 N 中，我们可以将方程重写为 $N \cdot P + D = 0$。

请注意，如果 $N \cdot P + D = 0$，则对于任何 k 值，$kN \cdot P + kD = 0$。特别地，我们可以选择 $k = 1/|N|$，与原方程相乘，得到一个新方程 $N' \cdot P + D' = 0$，其中 N' 是单位向量。因此，任何给定平面都可以用方程 $N \cdot P + D = 0$ 表示，其中 N 是一个单位向量，D 是一个实数。

这是一个非常方便的方程：N 恰好是平面的法线，$-D$ 是从原点到平面的有符号距离（signed distance）。事实上，对于任意点 P 来说，$N \cdot P + D$ 是从平面到点 P 的有符号距离，distance = 0 只是点 P 包含在平面中的特殊情况。

如果 N 是平面的法线，那么 $-N$ 也是，所以我们选择 N 使其指向裁剪体的内部。

对于平面 $z = d$，我们选择法线 $(0, 0, 1)$，它相对相机指向"前方"。因为点 $(0, 0, d)$ 包含在平面中，所以它必须满足平面方程，我们可以求解出 D。

$$N \cdot P + D = (0, 0, 1) \cdot (0, 0, d) + D = d + D = 0$$

由此我们立即得到 $D = -d$。

我们也可以直接从原始平面方程 $z = d$ 中得到 $D = -d$，方法是将其重写为 $z - d = 0$。但是，我们可以应用这种通用方法来推导出其余裁剪平面的方程。

我们知道其余几个裁剪平面具有特征 $D = 0$（因为它们都通过原点），所以我们需要做的就是确定它们的法线。为了简化数学计算，我们选择 $90°$ 视野（FOV），这意味着平面在 $45°$。

考虑左裁剪平面。它的法线方向是 $(1, 0, 1)$（右前方 $45°$）。该向量的长度是 $\sqrt{2}$，所以如果我们对其进行归一化，我们会得到 $\left(\dfrac{1}{\sqrt{2}}, 0, \dfrac{1}{\sqrt{2}} \right)$。因此左裁剪平面的方程如下所示。

$$N \cdot P + D = \left(\frac{1}{\sqrt{2}}, 0, \frac{1}{\sqrt{2}} \right) \cdot P = 0$$

同样，右侧、下部和上部裁剪平面的法线分别为 $\left(\dfrac{-1}{\sqrt{2}}, 0, \dfrac{1}{\sqrt{2}} \right)$，$\left(0, \dfrac{1}{\sqrt{2}}, \dfrac{1}{\sqrt{2}} \right)$ 以及 $\left(0, \dfrac{-1}{\sqrt{2}}, \dfrac{1}{\sqrt{2}} \right)$。计算任意视野的裁剪平面将涉及一些三角函数的知识。

总之，我们的裁剪体由以下 5 个平面定义。

近平面：$(0, 0, 1) \cdot P - d = 0$

左平面：$\left(\dfrac{1}{\sqrt{2}}, 0, \dfrac{1}{\sqrt{2}} \right) \cdot P = 0$

右平面：$\left(\dfrac{-1}{\sqrt{2}}, 0, \dfrac{1}{\sqrt{2}} \right) \cdot P = 0$

下平面：$\left(0, \dfrac{1}{\sqrt{2}}, \dfrac{1}{\sqrt{2}} \right) \cdot P = 0$

上平面：$\left(0, \dfrac{-1}{\sqrt{2}}, \dfrac{1}{\sqrt{2}}\right) \cdot P = 0$

现在让我们详细了解如何使用平面裁剪几何图形。

11.5 裁剪整个物体

假设我们将每个模型放入能够容纳它的最小球体中，我们称这个球体为物体的边界球。计算这个球体要比想象得更困难，这超出了本书的范围。但是我们可以获得边界球的近似表示，首先通过计算模型中所有顶点的坐标平均值来获取球体的球心，然后将半径定义为从球心到它最远的顶点的距离。

在任何情况下，假设我们知道完全包含每个模型的球体的球心 C 和半径 r。图11-7显示了一个场景，其中包含一些物体及其边界球。

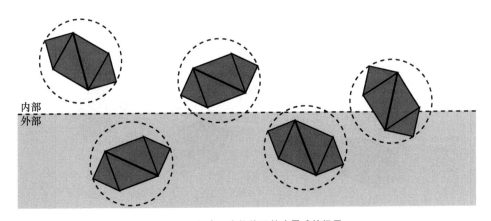

图11-7　包含几个物体及其边界球的场景

我们可以将这个球体和平面之间的空间关系分为以下几类。

球体完全在平面的前面。在这种情况下，整个物体都被接受，不需要使用这个平面进行进一步的裁剪（但它仍然可能被另一个平面裁剪）。相关示例如图11-8所示。

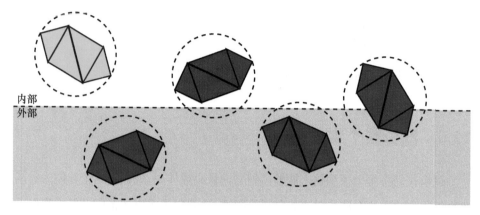

图11-8 绿色物体被接受

球体完全在平面的后面。在这种情况下,整个物体将被丢弃,不需要进一步的裁剪(无论其他平面怎么样,物体的任何部分都不会在裁剪体内)。相关示例如图11-9所示。

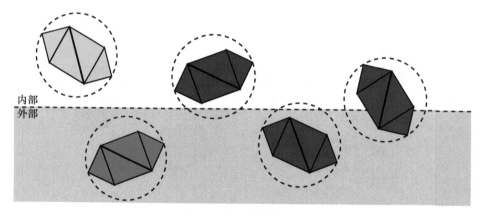

图11-9 红色物体被丢弃

平面与球体相交。这并没有给我们足够的信息来确定物体的任意部分是否在裁剪体内,它可能完全在里面、完全在外面,或者部分在里面。需要进行下一步处理,将模型的三角形逐个进行裁剪计算。相关示例如图11-10所示。

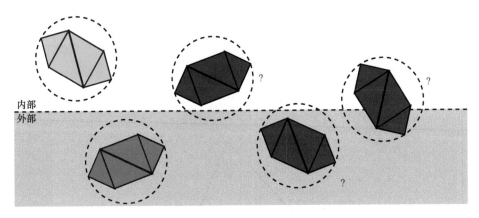

图 11-10   灰色物体不能被完全接受或丢弃

这种分类实际上是如何工作的呢？由于我们选择的是表示裁剪平面的方法（参见 11.4 节中 5 个裁剪平面的表示方法），我们将任意点代入平面方程就能得到该点到平面的有符号距离。特别是，我们可以计算从边界球的球心到平面的有符号距离 d。所以如果 $d > r$，球体在平面的前面；如果 $d < -r$，则球体在平面的后面；否则 $|d| < r$，表示平面与球体相交。图 11-11 说明了这 3 种情况。

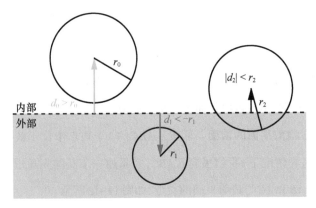

图 11-11   从球心到裁剪平面的有符号距离告诉我们球体是在平面的前面、
在平面的后面还是与平面相交

11.6 裁剪三角形

如果球体-平面测试不足以确定一个物体是完全在裁剪平面的前面还是完全

在裁剪平面的后面,那么我们必须对每个三角形进行裁剪。

我们可以查看三角形每个顶点到裁剪平面的有符号距离,以此来根据裁剪平面对三角形每个顶点进行分类。如果距离为0或为正值,则顶点在裁剪平面的前面;否则,它在后面。图11-12说明了这个想法。

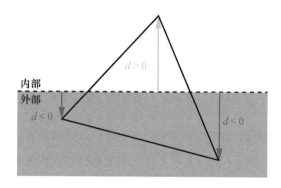

图11-12 顶点到裁剪平面的有符号距离告诉我们顶点
是在平面的前面还是后面

对于每个三角形,有4种可能的分类。

3个顶点在裁剪平面的前面。 在这种情况下,整个三角形都在裁剪平面的前面,所以我们接受它,不需要进一步使用这个平面对它进行裁剪。

3个顶点在裁剪平面的后面。 在这种情况下,整个三角形都在裁剪平面的后面,所以我们丢弃它,不再需要任何进一步的裁剪。

1个顶点在裁剪平面的前面。 假设△ABC的3个顶点中位于裁剪平面前面的是顶点A。在这种情况下,我们丢弃△ABC,并添加一个新的三角形——△$AB'C'$,其中B'和C'是AB和AC与裁剪平面的交点,如图11-13所示。

2个顶点在裁剪平面的前面。 假设△ABC的3个顶点中,位于裁剪平面前面的是顶点A和顶点B。在这种情况下,我们丢弃△ABC,并添加2个新的三角形——△ABA'和△$A'BB'$,其中A'和B'是AC和BC与裁剪平面的交点,如图11-14所示。

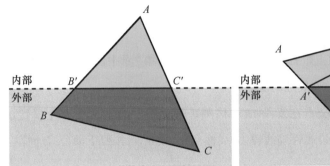
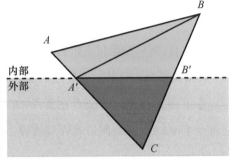

图11-13　△ABC,其中1个顶点位于裁剪体内部, 　　图11-14　△ABC,其中2个顶点位于裁剪体内部,1
　　　　 2个顶点位于外部,会被△AB'C'代替 　　　　　　　　 个顶点位于外部,会被△ABA'和△A'BB'代替

线段与平面的交点

为了像上面讨论的那样裁剪三角形,我们需要计算三角形的边与裁剪平面的交点。

我们有一个由方程 $N \cdot P + D = 0$ 给出的裁剪平面。三角形边 AB 可以用参数方程表示为 $P = A + t(B - A)$,其中 $0 \leqslant t \leqslant 1$。为了计算交点处参数 t 的值,我们将平面方程中的 P 替换为线段的参数方程,如下所示。

$$N \cdot P + D = 0$$
$$P = A + t(B - A)$$
$$\Rightarrow N \cdot \big(A + t(B - A) \big) + D = 0$$

使用点积的线性性质,得到下面的等式。

$$N \cdot A + t N \cdot (B - A) + D = 0$$

求解参数 t,得到下面的结果。

$$t = \frac{-D - N \cdot A}{N \cdot (B - A)}$$

我们知道解总是存在的,因为我们知道线段 AB 与平面相交。在数学上, $N \cdot (B - A)$ 不能为0,因为这意味着线段和法线是垂直的,而这反过来又意味着线段和平面不相交。

计算出 t 之后，交点 Q 就很容易得到。

$$Q = A + t(B - A)$$

请注意，如果原始顶点带有附加属性（例如，我们在第7章中使用的强度值 h），我们需要为新顶点计算这些属性的值。

在上述方程中，t 是交点在线段 AB 的比例系数。假设 α_A 和 α_B 是某个属性 α 在顶点 A 和 B 处的值；假设属性随线段 AB 线性变化，则 α_Q 可按照下面公式计算。

$$\alpha_Q = \alpha_A + t\left(\alpha_B - \alpha_A\right)$$

整个裁剪计算过程，也可以被称为裁剪管线。我们现在拥有了实现我们的裁剪管线所需的所有算法和方程。

11.7 裁剪过程的伪代码

让我们为裁剪管线编写一些粗略的伪代码。我们将遵循我们之前开发的自上而下的方法。

为了裁剪一个场景，我们需要对场景中的每个实例进行裁剪，如清单11-1所示。

清单11-1 使用一组裁剪平面对场景进行裁剪的算法

```
ClipScene(scene, planes) {
    clipped_instances = []
    for I in scene.instances {
        clipped_instance = ClipInstance(I, planes)
        if clipped_instance ! = NULL {
            clipped_instances.append(clipped_instance)
        }
    }
    clipped_scene = Copy(scene)
    clipped_scene.instances = clipped_instances
    return clipped_scene
}
```

为了裁剪一个实例，我们要么接受它，要么丢弃它，要么裁剪它的每个三角形，这取决于它的边界球，如清单11-2所示。

清单11-2 使用一组裁剪平面对实例进行裁剪的算法

```
ClipInstance(instance, planes) {
    for P in planes {
        instance = ClipInstanceAgainstPlane(instance, plane)
        if instance == NULL {
            return NULL
        }
    }
    return instance
}


ClipInstanceAgainstPlane(instance, plane) {
    d = SignedDistance(plane, instance.bounding_sphere.center)
    if d > r {
        return instance
    } else if d < -r {
        return NULL
    } else {
        clipped_instance = Copy(instance)
        clipped_instance.triangles =
            ClipTrianglesAgainstPlane(instance.triangles, plane)
        return clipped_instance
    }
}
```

最后,为了裁剪一个三角形,我们要么接受它,要么丢弃它,要么将它分解成最多两个三角形,这取决于它的顶点在裁剪平面前面的数量,如清单11-3所示。

清单11-3 使用一个裁剪平面对一组三角形进行裁剪的算法

```
ClipTrianglesAgainstPlane(triangles, plane) {
    clipped_triangles = []
    for T in triangles {
        clipped_triangles.append(ClipTriangle(T, plane))
    }
    return clipped_triangles
}


ClipTriangle(triangle, plane) {
```

```
d0 = SignedDistance(plane, triangle.v0)
d1 = SignedDistance(plane, triangle.v1)
d2 = SignedDistance(plane, triangle.v2)

if {d0, d1, d2} are all positive {
    return [triangle]
} else if {d0, d1, d2} are all negative {
    return []
} else if only one of {d0, d1, d2} is positive {
    let A be the vertex with a positive distance
    compute B' = Intersection(AB, plane)
    compute C' = Intersection(AC, plane)
    return [Triangle(A, B', C')]
} else /* only one of {d0, d1, d2} is negative */ {
    let C be the vertex with a negative distance
    compute A' = Intersection(AC, plane)
    compute B' = Intersection(BC, plane)
    return [Triangle(A, B, A'), Triangle(A', B, B')]
}
}
```

辅助函数 SignedDistance 只是将一个点的坐标代入平面方程中,如清单11-4所示。

清单11-4 计算从平面到点的有符号距离的函数

```
SignedDistance(plane, vertex) {
    normal = plane.normal
    return (vertex.x * normal.x)
        + (vertex.y * normal.y)
        + (vertex.z * normal.z)
        + plane.D
}
```

你可以在本书附件的/cgfs/clipping-demo目录下面找到这个算法的实时实现,双击Clipping demo.html文件或者用浏览器打开该文件即可。

11.8 渲染管线中的裁剪过程

书中章节的顺序不是渲染管线中的操作顺序,正如前言中所解释的那样,各章的编排方式是为了我们的学习尽可能快地取得明显进展。

裁剪是一种3D操作,它获取场景中的3D物体并在场景中生成一组新的3D物体,或者更准确地说,它计算场景和裁剪体的交集。因此,必须在将物体放置在场景中之后(即使用模型和相机变换之后的顶点),且在透视投影之前进行裁剪。

本章介绍的技术可以可靠地工作,并且非常通用。你对场景的先验知识(prior knowledge)拥有越多,裁剪的效率就越高。例如,许多游戏通过添加可见性信息来预处理关卡;如果你可以将场景划分为"房间",那么你可以制作一张表,列出从任何给定的房间可以看到的房间。当稍后渲染场景时,你只需要弄清楚相机所在的房间,然后你就可以安全地忽略所有标记为"不可见"的房间,从而在渲染过程中节省大量资源。当然,代价就是这样需要更多的预处理时间和更加固定不变的场景。如果你对这个主题感兴趣,请阅读关于BSP分区和门户系统(portal system)的内容。

11.9 总结

在本章中,我们最终突破了透视投影方程造成的主要限制之一。我们已经打破了只有相机前的顶点才能被有效投影的限制。为了做到这一点,我们对"在相机前"的含义提出了一个精确的定义:位于用5个平面定义的裁剪体内的任何内容。

然后我们开发了计算场景与裁剪体几何图形交点的方程和算法。因此,我们可以把整个场景中所有不能投影到视口中的物体移除掉。这不仅可避免透视投影方程无法处理的情况出现,还可通过删除被投影到视口外的几何图形节省计算资源。

然而,在裁剪完一个场景后,我们可能仍然会发现本应该在最终的画布中看到的一些几何图形,却没有看到,因为在它前面还有其他物体! 我们将在第12章中找到处理这个问题的方法。

第 **12** 章
移除隐藏表面

我们现在几乎可以从任何视角渲染任何场景,但生成的图像看起来还很简单。我们以线框的形式渲染物体,给人的印象是我们正在查看一组物体的蓝图,而不是物体本身。

本书的其余章节侧重于提高渲染场景的视觉质量。到本章结束时,我们将能够渲染实体物体(相对于线框物体而言)。我们已经开发了一个绘制填充三角形的算法,但正如我们将看到的,在3D场景中正确使用该算法并不像看起来那么简单!

12.1　渲染实体物体

当我们想要让实体物体看起来像实体时,首先想到的是使用我们在第7章中开发的 DrawFilledTriangle 函数,使用随机颜色绘制物体的每个三角形,如图 12-1 所示。

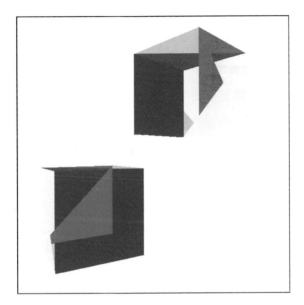

图 12-1 使用 DrawFilledTriangle 代替 DrawWireframeTriangle
并没有产生我们预期的结果

图 12-1 中的图形看起来不太像立方体,不是吗? 如果你仔细观察,就会发现问题所在:立方体的一部分背面三角形被绘制在正面三角形的前面! 这是因为我们盲目地按照"随机顺序"在画布上绘制 2D 三角形,或者更准确地说,按照它们碰巧在模型的三角形列表 Triangles 中定义的顺序绘制,而没有考虑它们之间的空间关系。

你可能会想到我们可以回到模型定义并更改三角形的顺序来解决这个问题。然而,如果我们的场景包含另一个旋转了 180° 的立方体实例,我们将再次回到最初的问题。简而言之,没有单独的"正确"的三角形顺序适用于每个实例和相机方位。我们该怎么办?

12.2 画家算法

这个问题的第一个解决方案被称为画家算法(painter's algorithm)。现实生活中的画家首先绘制背景,然后用前景物体覆盖背景的一部分。我们可以通过将场景中的所有三角形从后向前绘制来达到相同的效果。为此,我们要应用模型变换和相机变换,并根据三角形与相机的距离对三角形进行排序。

这可解决上面提到的"没有单独的正确顺序"的问题,因为现在我们正在寻找物体和相机的特定相对位置的正确顺序。

虽然这确实可以按照正确的顺序画出三角形,但它有一些缺点,使它不切实际。

首先,它不能很好地扩展。人类已知的最有效的排序算法,它的时间复杂度是$O(n \cdot \log(n))$,这意味着如果我们将三角形的数量增加一倍,那么运行时间将增加一倍以上。举例来说,对100个三角形进行排序需要大约200次操作;对200个三角形进行排序需要460次操作,而不是400次操作;对800个三角形进行排序需要2322次操作,而不是1840次操作!换句话说,该算法适用于小场景,随着场景复杂度的增加,它很快就会出现性能瓶颈。

其次,它要求我们一次性知道整个三角形列表。这需要大量内存,并且阻止了我们使用类似数据流的方法进行渲染。我们希望渲染器像一个管线(pipeline),模型三角形从一端进入,像素从另一端出来,但是这个算法会在每个三角形都被转换和排序后才开始绘制像素。

最后,即使我们愿意接受这些限制,也有一些情况下,三角形的正确顺序根本不存在。考虑图12-2中的情况,我们永远无法用正确的方法对这些三角形进行排序。

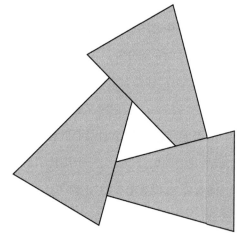

图12-2　没有办法对这些三角形进行"前后"排序

12.3 深度缓冲

我们无法在三角形级别解决排序问题,所以我们尝试在像素级别解决它。

对于画布上的每个像素,我们希望用"正确"的颜色绘制它,其中正确的颜色是

离相机最近的物体(图12-3中的P_1)
的颜色。

在渲染过程中的任何时候,画布
上的每个像素都代表场景中的一个点
(在我们绘制任何东西之前,它代表一
个无限远的点)。假设对于画布上的
每个像素,我们记录它当前所代表的
点的z坐标。当我们需要决定是否用

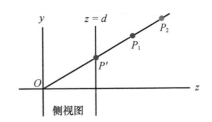

图12-3　P_1和P_2都投影到画布上的同一个P'。
因为P_1比P_2更靠近相机,所以我们
把P'涂成P_1的颜色

物体的颜色绘制一个像素时,我们只需要在我们将要绘制的点的z坐标小于已经存在
的点的z坐标时才这样做。这可保证表示场景中某个点的像素不会被表示离相机较
远的点的像素所覆盖。

让我们回到图12-3。假设由于模型中三角形的顺序问题,我们要先绘制P_2,
然后绘制P_1。当我们绘制P_2时,像素被绘制为红色,其关联的z值变为z_{P_2}。然后我
们要绘制P_1,因为$z_{P_2} > z_{P_1}$,我们将像素绘制为蓝色,我们得到了正确的结果。

在这种特殊情况下,无论z的值如何,我们都会得到正确的结果,因为这些点
碰巧以方便的顺序出现。但是如果我们想先绘制P_1,然后绘制P_2呢?我们首先将
像素涂成蓝色并存储z_{P_1}。但是当我们想要绘制P_2时,我们看到$z_{P_2} > z_{P_1}$,所以我们
不绘制它。因为如果我们绘制它,P_1会被更远的P_2覆盖!我们再次得到一个蓝色
像素,这是正确的结果。

在实现方面,我们需要一个缓冲区来存储画布上每个像素的z坐标,我们称这
个缓冲区为深度缓冲(depth buffer)。它与画布具有相同的尺寸,但其元素是表示
深度值的实数,而不是像素。

但是 z 值从何而来？这些应该是点在变换之后但在透视投影之前的 z 值。然而，这只给了我们顶点的 z 值，我们需要每个三角形的每个像素的 z 值。

这是我们在第 8 章中开发的属性映射算法的另一个应用。为什么不使用 z 作为属性，并在三角形的表面上对它进行插值计算，就像我们之前对颜色强度值所做的那样？现在你知道该怎么做了：取 $z0$、$z1$ 和 $z2$ 的值；计算 $z01$、$z02$ 和 $z012$；将它们组合起来得到 `z_left` 和 `z_right`；对于每个水平段，计算 `z_segment`；我们不是盲目地调用 `PutPixel(x，y，color)`，而是像下面这样做。

```
z = z_segment[x - xl]
if (z < depth_buffer[x][y]) {
    canvas.PutPixel(x, y, color)
    depth_buffer[x][y] = z
}
```

为了使其正常工作，`depth_buffer` 中的每个条目都应初始化为 $+\infty$（或只是"一个非常大的值"）。这能保证我们第一次要绘制像素时，条件为真，因为场景中的任何点都比无限远的点更靠近相机。

我们现在得到的结果要好得多，如图 12-4 所示。

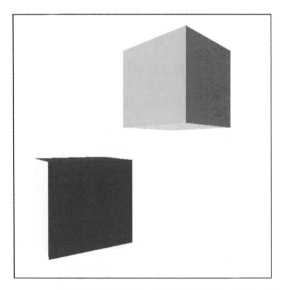

图 12-4　无论三角形的顺序如何，立方体现在看起来像立方体

你可以在本书附件的/cgfs/depth-demo目录下面找到该算法的实时实现,双击
Hidden surface removal demo.html文件或者用浏览器打开该文件即可。

使用1/z代替z

结果看起来好多了,但我们所做的却有一点儿错误。顶点的z值是正确的(毕
竟它们来自模型数据),但在大多数情况下,其余像素的z值的线性插值是不正确
的。此时,这可能不会导致明显的差异,但随后就会成为一个问题。

要查看这些值是如何错误的,我们来考虑从$A(-1,0,2)$到$B(1,0,10)$的线段的
简单情况,其中点M为$(0,0,6)$。具体来说,因为M是线段AB的中点,我们知道
$M_z = (A_z + B_z)/2 = 6$。图12-5显示了这条线段。

我们来计算$d = 1$时这些点的投影。应用透视投影方程,我们得到$A'_x =$
$A_x/A_z = -1/2 = -0.5$。同理,$B'_x = 0.1$,$M'_x = 0$。图12-6显示了这些被投影的点。

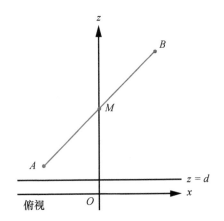

图12-5 线段AB及其中点M

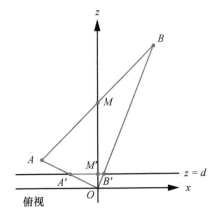

图12-6 投影到投影平面上的点A、B和M

$A'B'$是视口上的水平线段。我们知道A_z和B_z的值。让我们看看如果我们尝
试使用线性插值计算M_z的值会发生什么。隐含的线性函数如图12-7所示。

函数的斜率是常数,所以我们可以像下面这样写。

$$\frac{M_z - A_z}{M'_x - A'_x} = \frac{B_z - A_z}{B'_x - A'_x}$$

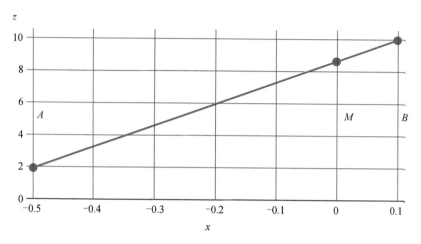

图 12-7 $A_{x'}$ 和 $B_{x'}$ 对应的值 A_z 和 B_z 定义了一个线性函数 $z = f(x')$

我们可以通过这个表达式来解出 M_z，如下所示。

$$M_z = A_z + \left(M'_x - A'_x \right) \left(\frac{B_z - A_z}{B'_x - A'_x} \right)$$

如果我们代入已知的值，做一些运算，就得到下面的结果。

$$M_z = 2 + \left(0 - (-0.5) \right) \left(\frac{10 - 2}{0.1 - (-0.5)} \right) = 2 + (0.5) \left(\frac{8}{0.6} \right) \approx 8.666$$

这表示 M_z 的值是 8.666，但我们知道它实际上是 6！

我们哪里做错了？我们用的是线性插值，我们知道它很好用，我们给它输入正确的值，这些值来自数据，为什么结果是错误的？

我们的错误隐藏在我们使用线性插值时所做的隐含假设中：我们一开始就认为我们要插值的函数是线性的！在这种情况下，事实证明并非如此。

如果 $z = f(x', y')$ 是 x' 和 y' 的线性函数，对于 A、B 和 C 的某些值，我们可以将其写为 $z = Ax' + By' + C$。这种类型的函数具有一个属性，即两点之间函数值的差值取决于点之间的差值而不取决于点本身，如下所示。

$$f(x' + \Delta x, y' + \Delta y) - f(x', y') = [A(x' + \Delta x) + B(y' + \Delta y) + C] - [Ax' + By' + C]$$
$$= A(x' + \Delta x - x') + B(y' + \Delta y - y') + C - C = A\Delta x + B\Delta y$$

也就是说，对于给定的屏幕坐标的差值，z 的差值总是相同的。

更正式地说,对于包含我们正在研究的线段的平面,它的方程如下所示。

$$Ax + By + Cz + D = 0$$

另一方面,我们有下面这样的透视投影方程。

$$x' = \frac{xd}{z}$$

$$y' = \frac{yd}{z}$$

我们可以从这里重新得到 x 和 y,如下所示。

$$x = \frac{zx'}{d}$$

$$y = \frac{zy'}{d}$$

如果我们用这些表达式替换平面方程中的 x 和 y,我们得到下面的结果。

$$\frac{Ax'z + By'z}{d} + Cz + D = 0$$

方程左右两边乘 d,然后求解 z,得到如下结果。

$$Ax'z + By'z + dCz + dD = 0$$

$$(Ax' + By' + dC)z + dD = 0$$

$$z = \frac{-dD}{Ax' + By' + dC}$$

这显然不是 x' 和 y' 的线性函数,这就是为什么对 z 进行线性插值得到的结果是错误的。

然而,如果我们计算 $1/z$ 而不是 z,我们得到下面的方程。

$$1/z = \frac{Ax' + By' + dC}{-dD}$$

这显然是 x' 和 y' 的线性函数。这意味着我们可以线性插值 $1/z$ 的值,并得到正确的结果。

为了验证其是否有效,让我们计算 M_z 的插值,但这次使用 $1/z$ 的线性插值,结果如下所示。

$$\frac{M_{\frac{1}{z}} - A_{\frac{1}{z}}}{M'_x - A'_x} = \frac{B_{\frac{1}{z}} - A_{\frac{1}{z}}}{B'_x - A'_x}$$

$$M_{\frac{1}{z}} = A_{\frac{1}{z}} + \left(M'_x - A'_x \right) \left(\frac{B_{\frac{1}{z}} - A_{\frac{1}{z}}}{B'_x - A'_x} \right)$$

$$M_{\frac{1}{z}} = \frac{1}{2} + (0 - (-0.5)) \left(\frac{\frac{1}{10} - \frac{1}{2}}{0.1 - (-0.5)} \right) \approx 0.166666$$

因此最终的结果如下。

$$M_z = \frac{1}{M_{\frac{1}{z}}} = \frac{1}{0.166666} \approx 6$$

这个值是正确的,因为它与我们最初基于线段几何形状计算的 M_z 相匹配。

这些都意味着我们需要使用 $1/z$ 的值而不是 z 的值来进行深度缓冲。伪代码中唯一的实际区别是缓冲区中的每个条目都应该初始化为0(概念上是 $1/+\infty$),而且深度值比较应该反向进行(我们保留较大的 $1/z$ 值,对应较小的 z 值)。

12.4 背面剔除

深度缓冲可产生我们所需的结果。但是我们能让事情变得更快吗?

回到立方体,即使每个像素最终都具有正确的颜色,但其中许多像素会被多次绘制。例如,如果立方体的背面先于正面渲染,则许多像素将被绘制两次。这种性能开销可能是很大的。到目前为止,我们已经为每个像素计算了 $1/z$,但很快我们将添加更多的属性,如光照(illumination)。随着我们需要执行的逐像素操作数量的增加,计算永远不可见的像素变得越来越浪费资源。

在我们进行这些计算之前,我们可以更早地丢弃像素吗? 事实证明,我们甚至可以在开始渲染之前丢弃整个三角形!

到目前为止,我们一直在非正式地讨论正面(front face)和背面(back face)。假设每个三角形都有两个不同的面,同时看到三角形的两个面是不可能的。为了区分这两个面,我们将在每个三角形上贴一个假想的箭头,垂直于其表面。然后我们观察由带有箭头的三角形所组成的立方体,确保每个箭头都指向外面,如图12-8所示。

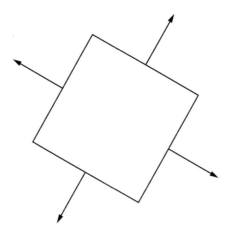

图12-8 从上面观察立方体,每个三角形上的箭头都指向外面

这些箭头让我们将每个三角形分类为"前"或"后",这取决于它们是指向相机还是背离相机。更正式地说,如果视线向量和这个箭头(实际上是三角形的法向量)形成的角度小于$90°$,则三角形是正面的;否则,它是背面的,如图12-9所示。

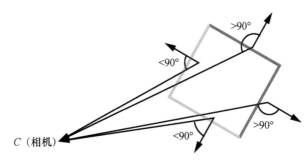

图12-9 视线向量和三角形的法向量之间的角度让我们将其分为正面和背面

此时,我们需要对我们的3D模型施加一个限制条件:它们必须是封闭的(closed)。封闭的确切定义相当复杂,但幸运的是,直观的理解就足够了。我们一直在使用的那个立方体就是封闭的,我们只能看到它的外部。如果我们移除它的一个面,它就不再是封闭的,因为我们可以看到它的内部。这并不意味着我们不

能拥有带孔或凹面的物体,我们可以用薄"壁"来对这些物体建模。部分示例如图12-10所示。

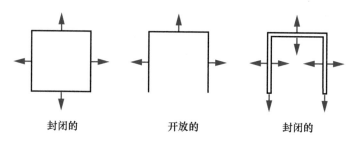

封闭的　　　　　　开放的　　　　　　封闭的

图12-10　一些开放和封闭物体的例子

为什么要施加这个限制条件呢？封闭物体有一个有趣的特性,即无论模型或相机的方位如何,物体正向表面的集合完全覆盖背向表面的集合。这意味着我们根本不需要绘制背向的表面,可以节省宝贵的计算时间。

由于我们可以丢弃(剔除)所有的背向表面,因此该算法称为背面剔除(back face culling)算法。这样一个可以将我们的渲染时间减半的算法的伪代码是非常简单的,如清单12-1所示。

清单12-1　背面剔除算法

```
CullBackFaces(object, camera) {
    for T in object.triangles {
        if T is back-facing {
            remove T from object.triangles
        }
    }
}
```

让我们更详细地看一下如何确定三角形是正面的还是背面的。

三角形的分类

假设我们有三角形的法向量 N 和从三角形顶点到相机的向量 V。现在假设 N 指向物体的外部。为了将三角形划分为正面或背面,我们计算 N 和 V 之间的角度,并检查它是否小于90°。

我们可以再次使用点积的属性来简化这个过程。请记住,如果α是N和V之间的夹角,则存在下面的等式。

$$\frac{N \cdot V}{|N||V|} = \cos(\alpha)$$

因为$\cos(\alpha)$对于$|\alpha| \leq 90°$是非负的,我们只需要知道这个表达式的符号就可以将三角形分类为正面或背面。注意$|N|$和$|V|$总是正的,所以它们不会影响表达式的符号。因此可以得到下面的等式。

$$\text{sign}(N \cdot V) = \text{sign}(\cos(\alpha))$$

分类标准就会像下面这样简单。

$$N \cdot V \leq 0 \qquad\qquad 背面$$

$$N \cdot V > 0 \qquad\qquad 正面$$

边界情况$N \cdot V = 0$表明我们正对着三角形的边,即此时顶点到相机的向量和三角形是共面的。我们可以用任何一种方式对这种三角形进行分类,而不会对结果产生太大影响,因此我们选择将其分类为背面,以避免处理退化三角形(degenerate triangle)。

我们从哪里得到法向量?事实证明,可以利用一种向量运算,叉积(cross product)$A \times B$,它取两个向量A和B并得到一个垂直于这两个向量的向量(有关此运算的定义,请参阅附录)。换句话说,三角形表面上两个向量的叉积就是这个三角形的法向量。我们可以通过各顶点之间的减法很容易地得到三角形上的两个向量。所以计算$\triangle ABC$的法向量的方向很简单,如下所示。

$$V_1 = B - A$$
$$V_2 = C - A$$
$$N = V_1 \times V_2$$

注意"法向量的方向"和"法向量"是不一样的,原因有两个。第一个原因是$|N|$不一定等于1。然而这并不重要,因为归一化N对于我们这里的计算是无足轻重的,而且这里我们只关心$N \cdot V$的符号。

第二个原因是,如果N是$\triangle ABC$的法向量,那么$-N$也是,在这种情况下,我们

非常关心 N 所指的方向,因为这正是我们将三角形划分为正面或背面的原因。

另外,两个向量的叉积是不可交换的,由于 $V_1 \times V_2 = -(V_2 \times V_1)$。换句话说,向量叉积运算中向量的顺序很重要。既然我们用 A、B、C 定义了 V_1 和 V_2,这就意味着三角形中顶点的顺序很重要。我们不能再把 $\triangle ABC$ 和 $\triangle ACB$ 当成同一个三角形了。

幸运的是,这一切都不是随机的。鉴于叉积运算的定义、我们定义 V_1 和 V_2 的方式,以及我们使用的坐标系(x 向右、y 向上、z 向前),确定法向量的方向有一个非常简单的规则:如果从相机看 $\triangle ABC$ 的顶点是顺时针方向的,那么前文计算的法向量将指向相机,也就是说,相机正在看三角形的正面。

我们只需要在手动设计 3D 模型时记住这个规则,并在查看其正面时按顺时针依次列出每个三角形的顶点,以便当我们以这种方式计算法线时它们指向"外部"。当然,到目前为止我们一直使用的示例——立方体模型,遵守这个规则。

12.5　总结

在这一章中,我们让渲染器能够渲染实体的外观,以前只能渲染线框物体。这比仅使用 DrawFilledTriangle 而不是 DrawWireframeTriangle 更复杂,因为我们需要靠近相机的三角形来遮挡远离相机的三角形。

我们探索的第一个想法是从后向前绘制三角形,但这有一些我们讨论过的缺点。更好的方法是在像素级别上运算,这个想法让我们想到了一种叫作深度缓冲的技术,无论我们绘制三角形的顺序如何,它都能产生正确的结果。

最后我们探索了一种可选但有价值的技术——背面剔除,它不会改变结果的正确性,但可以让我们避免渲染场景中大约一半的三角形。因为一个封闭物体的所有面向背面的三角形都被它的所有面向正面的三角形所覆盖,所以根本就不需要绘制面向背面的三角形。我们提出了一个简单的代数方法来确定一个三角形是正面的还是背面的。

现在我们已经可以渲染实体,我们将在本书的剩余部分致力于使这些物体看起来更真实。

第 **13** 章

着色

下面继续使我们的图像更加逼真。在本章中,我们将研究如何向场景添加光源以及如何对场景中的物体进行光照计算。首先,我们来看一些术语。

13.1　着色与光照

本章的标题是"着色",而不是"光照",这是两个不同但又密切相关的概念。本书的光照(illumination)指的是为了计算光对场景中单个点的影响所需的数学知识和算法,而着色(shading)是将光对一组离散点的影响扩展到整个物体的技术。

在第3章中,我们讨论了我们需要了解的有关光照的所有信息。我们可以定义环境光、点光和方向光,并且我们可以在已知点的位置和该点的表面法线的前提下,计算场景中任何点的光照,计算公式如下所示。

$$I_P = I_A + \sum_{i=1}^{n} I_i \cdot \left[\frac{N \cdot L_i}{|N||L_i|} + \left(\frac{R_i \cdot V}{|R_i||V|} \right)^s \right]$$

上述光照方程表示光如何照亮场景中的一个点,i表示第i个光源。该方程在我们的光线追踪渲染器中的工作方式与它在光栅化渲染器中的工作方式完全相同。

我们将在本章中探讨的更有趣的部分是如何将我们开发的"在一个点的光照"算法扩展为"三角形上每个点的光照"算法。

13.2 扁平化着色

让我们从简单的开始。因为我们可以计算某一点的光照,所以我们可以选择三角形中的任意一点(例如,它的中心),计算该点的光照,然后用它来对整个三角形进行着色。要进行实际着色,我们可以用三角形的颜色乘这个光照计算值。着色结果如图13-1所示。

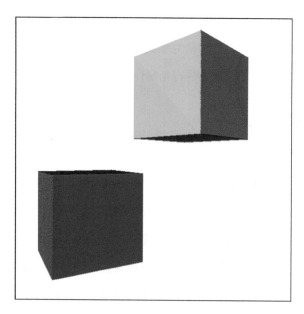

图13-1 扁平化着色,我们计算三角形中心的光照,并将其应用于整个三角形

渲染结果已经朝着我们希望的方向发展。三角形中的每个点都有相同的法线,所以只要光源离它足够远,每个点的光向量就近似平行,并且每个点接收到的光量也近似相同。我们可以看到构成立方体每个面的两个三角形之间的不连续效果,特别是在图 13-1 中立方体的绿色面上可以看到,这是光向量近似而不完全平行的结果。

那么,如果我们对每个点都有不同法线的物体(例如图 13-2 中的球体)尝试使用这种技术,会发生什么?

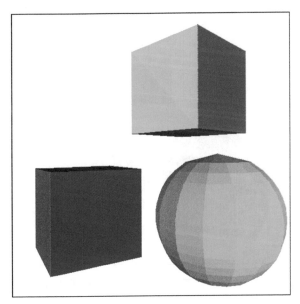

图 13-2　扁平化着色对于平面的物体效果很好,但是对于曲面的物体效果就不太好了

效果不太好。很明显,这个物体不是一个真正的球体,而是一个由扁平的三角形块构成的近似结果。因为这种光照使弯曲的物体看起来是扁平的,所以它被称为扁平化着色(flat shading)。

13.3　高洛德着色

我们怎样才能消除光照中的不连续现象呢? 我们可以计算三角形 3 个顶点的

光照,而不是只计算三角形中心的光照。这给了我们3个介于0.0和1.0之间的光照值,每个光照值对应于三角形的一个顶点。这使我们处于与第8章完全相同的情况:我们可以直接使用DrawShadedTriangle,使用光照值作为"强度"属性。

这种技术被称为高洛德着色(Gouraud shading),以亨利·高洛德(Henri Gouraud)的姓命名,他在1971年提出了这个想法。图13-3显示了将其应用于立方体和球体的结果。

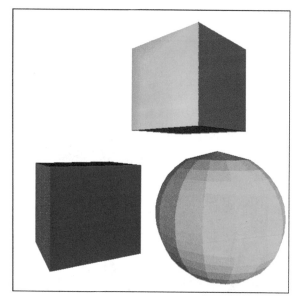

图13-3　在高洛德着色中,我们计算三角形顶点处的光照并将它们在表面上进行插值

立方体看起来比之前更好,不连续现象消失了,因为每个面的两个三角形共享两个顶点并且它们具有相同的法线,因此这两个顶点的光照对于两个三角形是相同的。

然而,球体表面看起来仍然是有多个面的,其表面的不连续性看起来真的是错误的。这并不奇怪,我们将球体视为平面的集合。特别地,尽管每个三角形都与其相邻三角形共享顶点,但它们有不同的法线。问题如图13-4所示。

让我们后退一步。事实上,使用平面三角形来表示一个弯曲的物体是我们技术的一个限制,而不是物体本身的属性。

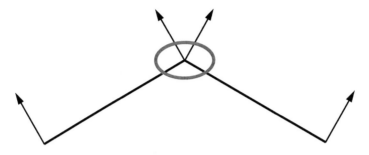

图 13-4   我们在共享顶点处得到两个不同的光照值，
因为它们依赖于三角形的法线，所以它们是不同的

球体模型中的每个顶点都对应于球体上的一个点，但是它们定义的三角形只是球体表面的一种近似表示。让模型中的顶点尽可能地代表球体上的点会是个好主意。这意味着对每个顶点使用真正的球体法线，如图 13-5 所示。

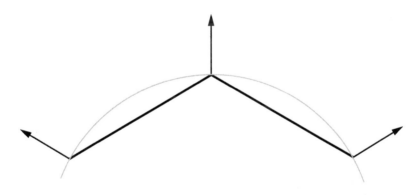

图 13-5   我们可以赋予每个顶点它所代表的曲面的法线

请注意，这种近似方法不适用于立方体。即使三角形共享顶点位置，每个面也需要独立于其他面进行着色。立方体的顶点没有单一的"正确"法线。

我们的渲染器无法知道一个模型是一个曲线物体的近似表示还是一个平面物体的精确表示。毕竟，一个立方体也可以是一个球体的非常粗略的近似表示！为了解决这个问题，我们把三角形的法线作为模型的一部分，这样模型的设计者就可以做出这个决定。

某些物体，如球体，它的每个顶点只有一条法线。其他物体，如立方体，对于共用某个顶点的几个三角形,它们都有各自不同的法线。所以我们不能让法线成为顶点的属性,法线必须是使用它们的三角形的属性,相关模型设置如下所示。

```
model {
    name = cube
    vertices {
        0 = (-1, -1, -1)
        1 = (-1, -1, 1)
        2 = (-1, 1, 1)
        ...
    }
    triangles {
        0 = {
            vertices = [0, 1, 2]
            normals = [(-1, 0, 0), (-1, 0, 0), (-1, 0, 0)]
        }
        ...
    }
}
```

图13-6显示了使用高洛德着色和适当的顶点法线渲染的场景。

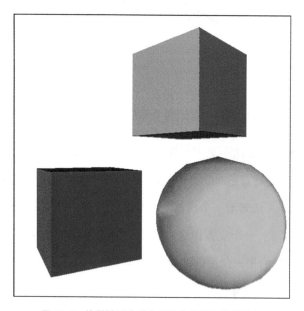

图13-6　使用模型中指定的法向量的高洛德着色

立方体看起来仍然像立方体,球体现在看起来非常像一个球体。事实上,你只能通过观察它的轮廓来判断它是由三角形构成的。这可以通过使用更多、更小的三角形来改善,但代价是需要更多的计算资源。

然而,当我们尝试渲染闪亮的物体时,高洛德着色开始"崩溃",球体上的镜面高光显然是不符合现实的。

这表明了一个更普遍的问题。当我们把点光源靠近一个大的表面时,我们自然会期望它看起来更亮并且镜面反射效果变得更加明显。然而,高洛德着色产生了完全相反的结果,如图13-7所示。

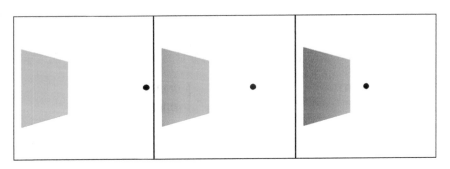

图13-7　与我们的预期相反,点光源离表面越近,表面看起来越暗

我们期望三角形中心附近的点会接收到大量光线,因为 L 和 N 大致平行。然而,我们不是在三角形的中心计算光照,而是在它的顶点。在这些顶点上,光源离表面越近,它与法线的角度就越大,因此这些顶点接收到的光照就越少。这意味着每个内部像素最终都会得到一个强度值,该值是在两个非常小的值之间进行插值的结果,该值也是一个很小的值,如图13-8所示。

图13-8　从黑暗的顶点插值光照,结果是一个黑暗的中心,尽管法线在该点与光向量平行

那么该怎么办?

13.4 冯氏着色

我们可以打破高洛德着色的局限性,但像往常一样,在渲染质量和资源使用之间权衡。

扁平化着色在每个三角形上只涉及1次光照计算。高洛德着色需要每个三角形进行3次光照计算,加上一个单独的属性(整个三角形的光照)的插值。下一步关于渲染质量的提升要求我们计算三角形每个像素的光照。

从理论的角度来看,这并不复杂,我们已经在计算1个或3个点的光照了,而且之前我们在光线追踪渲染器中是计算每个像素的光照。这里的难点是要弄清楚光照方程的输入来自哪里。

回想一下,包含环境光、漫反射和镜面反射分量的完整光照方程是下面这样的。

$$I_P = I_A + \sum_{i=1}^{n} I_i \left[\frac{\boldsymbol{N} \cdot \boldsymbol{L}_i}{|\boldsymbol{N}||\boldsymbol{L}_i|} + \left(\frac{\boldsymbol{R}_i \cdot \boldsymbol{V}}{|\boldsymbol{R}_i||\boldsymbol{V}|} \right)^s \right]$$

首先,我们需要明确 $\boldsymbol{L}$。对于方向光,$\boldsymbol{L}$ 是已知的。对于点光源,$\boldsymbol{L}$ 被定义为从场景中的点 P 到光源位置 Q 的向量。然而,并不是三角形的每个像素都有 Q,而是只对顶点有 Q。

我们所拥有的是 P 的投影,也就是,我们将要在画布上绘制的 x' 和 y'!我们已知如下等式。

$$x' = \frac{xd}{z}$$

$$y' = \frac{yd}{z}$$

作为深度缓冲算法的一部分,我们也碰巧有一个经过插值的但几何上正确的 $\frac{1}{z}$ 值,所以我们得到下面的等式。

$$x' = xd\frac{1}{z}$$

$$y' = yd\frac{1}{z}$$

我们可以从这些值中恢复P，计算过程如下所示。

$$x = \frac{x'}{d\frac{1}{z}}$$

$$y = \frac{y'}{d\frac{1}{z}}$$

$$z = \frac{1}{\frac{1}{z}}$$

我们还需要明确V。这是从相机（我们已知）到P（我们刚刚计算的）的向量，所以V就是$P - C$。

接下来，我们需要N。我们只知道三角形顶点处的法线。当你只有一把锤子时，每个问题看起来都像钉子，我们的锤子是——你可能已经猜到了——属性值的线性插值。我们取每个顶点上的N_x、N_y和N_z的值，把它们都当作可以线性插值的属性。然后，在每个像素处，我们将插值的分量重新组合成一个向量，对其进行归一化，并将其作为该像素处的法线。

这种技术被称为冯氏着色（Phong shading），名字源于1973年发明这种技术的Bui Tuong Phong，如图13-9所示。

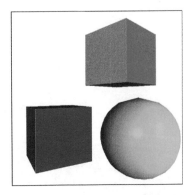

图13-9　冯氏着色。球体的表面看起来很光滑，镜面高光清晰可见

你可以在本书附件的/cgfs/shading-demo目录下面找到该算法的实时实现，双击Lighting and Shading demo.html文件或者用浏览器打开该文件即可。

球体现在看起来好多了。它的表面显示出适当的曲率,镜面高光看起来很清晰。然而,它的轮廓仍然表明我们正在渲染的是由三角形合成的近似效果。这不是着色算法的缺点,它只决定三角形表面每个像素的颜色,而不能控制三角形本身的形状。现在的球体近似效果使用了约420个三角形,我们可以通过使用更多的三角形来获得更平滑的轮廓,但代价是性能下降。

冯氏着色还能解决光源靠近物体表面的问题,现在得到了预期的结果,如图13-10所示。

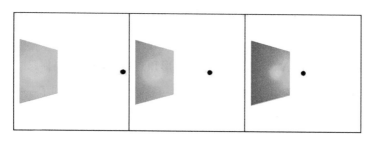

图13-10 光源离物体表面越近,镜面高光看起来越亮、越清晰

现在,除了阴影和反射,我们已经匹配了本书第一部分中开发的光线追踪渲染器的功能。使用完全相同的场景定义,图13-11显示了我们正在开发的光栅化渲染器的输出。

图13-11 参考场景,由光栅化渲染器渲染

作为参考,图13-12显示了同一场景的光线追踪渲染版本。

图13-12　参考场景,由光线追踪渲染器渲染

尽管使用了截然不同的技术,但这两个版本看起来几乎相同。这是意料之中的,因为场景定义是相同的。唯一可见的区别在于球体的轮廓:光线追踪渲染器将球体渲染成"数学上完美的"物体,但我们在光栅化渲染器中使用三角形近似表示。

另一个区别是两个渲染器的性能。渲染场景非常依赖于硬件和具体实现,但一般来说,光栅化渲染器每秒可以生成高达60(或更多)次的复杂场景的全屏图像,这使得它们适用于视频、游戏等交互式应用程序,而光线追踪渲染器可能需要几秒来对相同的场景进行一次渲染。这种差异在未来可能会逐渐消失,近年来硬件的进步使光线追踪渲染器的性能比光栅化渲染器的更强大。

13.5　总结

在本章中,我们给光栅化渲染器添加了光照。我们使用的光照方程与第3章中的完全相同,因为我们使用相同的光照模型。然而,光线追踪渲染器是对每个屏幕像素计算光照方程,而我们的光栅化渲染器可以支持各种不同的技术来实现性能和图像质量之间的特定权衡。

最快的着色算法（也产生最不吸引人的结果）是扁平化着色：我们计算三角形中单个点的光照，并将其用于该三角形中的每个像素。这会使构成表面的小平面看起来非常突出，特别是对于近似曲面的物体表面，例如球体表面。

为了对渲染品质再提升一下，我们介绍了高洛德着色，我们计算一个三角形的3个顶点的光照，然后在三角形的表面上对这些值进行插值。这可使物体的外观更平滑，包括弯曲的物体。然而，这种技术无法捕捉到更微妙的光照效果，例如镜面高光。

最后，我们研究了冯氏着色。就像我们的光线追踪渲染器一样，冯氏着色在每个像素处计算光照方程，产生最好的结果和最差的性能。冯氏着色的技巧是知道如何计算所有必要的值来求解光照方程，同样，答案是线性插值——此时，是法向量的线性插值。

在第14章中，我们将使用一种我们没有在光线追踪渲染器中学习过的技术，纹理映射，为我们的三角形表面添加更多的细节。

第**14**章
纹理

我们的光栅化渲染器可以渲染立方体或球体之类的物体。但是我们通常不想渲染像立方体和球体这样的抽象几何物体。相反,我们希望渲染真实世界的物体,如木条箱和行星,又如骰子和大理石。在本章中,我们将学习如何使用纹理(texture)为物体的表面添加视觉细节。

14.1 绘制木条箱

假设我们希望场景中有一个木条箱。我们如何把一个立方体变成一个木条箱呢?一种选择是添加许多三角形来复现木头的纹理、钉子的头等细节。这是可行的,但它会给场景增加几何复杂性,导致巨大的性能问题。

另一种选择是伪造细节：我们不修改物体的几何形状，而是在它上面"画"一些看起来像木头的东西。除非你近距离观察木条箱，否则你不会注意到差异，而且相应的计算成本也比添加大量几何细节低得多。

请注意，这两个选择是相互兼容的，你可以在添加几何图形和在几何图形上绘画之间进行适当的平衡，从而在一定性能条件下获得你需要的图像质量。由于我们已经知道如何处理几何细节，下面将探讨第二种选择。

首先，我们需要一张图像便于在三角形上绘制，在这种情况下，我们将此图像称为纹理（texture）。图14-1显示了木条箱纹理。

图14-1　木条箱纹理（由Filter Forge–Attribution 2.0 Generic（CC by 2.0）提供）

接下来，我们需要明确如何将这个纹理应用到模型上。我们可以以三角形为基础定义这个映射关系，指定纹理的哪些点对应三角形的哪个顶点，如图14-2所示。

为了定义这个映射，我们需要一个坐标系来引用纹理中的点。请记住，纹理只是一张图像，表示为一个矩形像素数组。我们可以使用x和y坐标，讨论纹理中的像素，但我们已经在画布上使用了这些名称。因此，我们使用u和v作为纹理坐标，并且我们把纹理的像素称为纹素（texel），texel是纹理元素（texture element）的英文tex和el的组合。

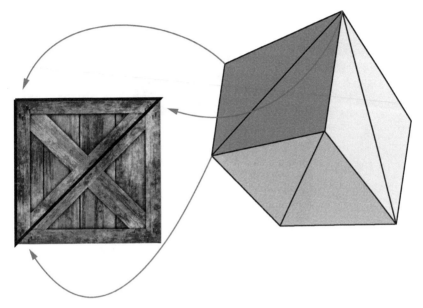

图14-2 将纹理中的点与三角形的顶点关联起来

我们把(u,v)定义的坐标系的原点固定在纹理的左上角。我们还声明u和v是$[0,1]$范围内的实数,而不用考虑纹理的实际纹素尺寸。综合考虑,这种表示方法是很方便的。例如,我们可能想要使用低分辨率或高分辨率的纹理,这取决于有多少内存可用;因为我们不依赖于实际的纹素尺寸,所以可以在不修改模型本身的情况下改变纹理分辨率。我们可以分别将u和v乘纹理宽度和高度,以获得实际的纹素索引tx和ty。

纹理映射的基本思想很简单:我们为三角形的每个像素计算(u,v)坐标,从纹理中获取对应的纹素,并用获得的颜色绘制像素。但是模型只为三角形的3个顶点指定了u和v坐标,而每个像素都需要它们。

到目前为止,你可能已经知道这是怎么回事了。是的,这时要用到我们的"好朋友"线性插值。我们可以使用属性映射在三角形的表面上对u和v的值进行插值,从而在每个像素处得到u和v的值,通常表示为(u,v)。由此我们可以计算(tx,ty),获取纹素,应用到着色,并用结果颜色绘制像素。你可以在图14-3中看到这样做的结果。

图14-3 当应用到物体时,纹理看起来是变形的

结果有些平淡无奇。木条箱的外观看起来不错,但如果你仔细观察对角的木板,你会发现它们看起来是变形了的,就好像以奇怪的方式被掰弯。到底是哪里出了错?

在第12章中,我们做了一个隐含的假设,即顶点属性在整个屏幕上呈线性变化,对于现在的情况,u和v在整个屏幕上呈线性变化,但这个假设被证明是不正确的。事实显然并非如此。想象一条很长的走廊的墙壁,墙壁上涂有交替的垂直黑白条纹。随着墙壁向远处退去,垂直条纹应该看起来越来越窄。如果我们使u坐标随x'线性变化,就会得到不正确的结果,如图14-4所示。

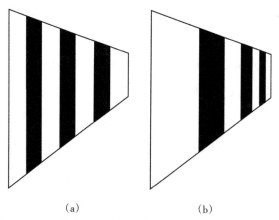

(a)   (b)

图14-4 u和v的线性插值(a)不会产生预期的透视校正结果(b)

这种情况与我们在第12章中遇到的情况非常相似,解决方案也非常相似。尽管u和v在屏幕坐标中不是线性的,但$\frac{u}{z}$和$\frac{v}{z}$却是线性的,其证明过程与$\frac{1}{z}$的证明过程非常相似,考虑u在3D空间中线性变化,并且用x和y的屏幕空间表达式替换它们。因为我们已经在每个像素上得到了经过插值的$\frac{1}{z}$,所以对$\frac{u}{z}$和$\frac{v}{z}$进行插值并返回u和v就足够了,计算如下所示。

$$u = \frac{\dfrac{u}{z}}{\dfrac{1}{z}}$$

$$v = \frac{\dfrac{v}{z}}{\dfrac{1}{z}}$$

这将产生我们期望的结果,如图14-5所示。

图14-5 u/z和v/z的线性插值确实会产生透视校正的结果

图14-6并排显示了这两个结果,更容易体现差异。

（a）　　　　　　　　　　　　　（b）

图 14-6　u 和 v 的线性插值的结果（a）与 u/z 和 v/z 的线性插值的结果（b）进行对比

　　你可以在本书附件的/cgfs/textures-demo 目录下面找到该算法的实时实现，双击 Texture mapping demo.html 文件或者用浏览器打开该文件即可。

　　这些例子看起来很好，因为纹理的大小和我们要应用它的三角形的大小（以像素衡量）大致相似。但是如果三角形比纹理大或小许多会发生什么呢？ 接下来我们将探讨这些情况。

14.2　双线性滤波

　　假设我们将相机放置在非常靠近其中一个立方体的位置。我们将看到类似图 14-7 所示的内容。

　　图像看起来有明显的锯齿状。为什么会发生这种情况？屏幕上的三角形的像素比纹理的纹素多，因此每个纹素会被映射到多个连续的像素上。

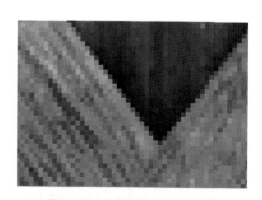

图 14-7　一个近距离渲染的纹理物体

我们对纹理坐标 u 和 v 进行插值,u 和 v 是介于0.0和1.0的实数。之后,已知纹理尺寸 w 和 h,我们将 u 和 v 坐标分别乘 w 和 h,从而将它们映射到 tx 和 ty 纹素坐标。但是因为纹理是具有整数索引的像素数组,所以我们将 tx 和 ty 向下取整。因此,这种基础技术被称为最近邻滤波(nearest neighbor filtering)。

即使 (u, v) 在三角形表面上平滑地变化,产生的纹素坐标也会从一个完整的像素 "跳跃" 到下一个像素,得到我们在图14-7中看到的块状表面。

我们可以做得更好。我们可以将小数形式的纹素坐标 (tx, ty) 解释为描述4个整数纹素坐标之间的位置,这4个整数纹素坐标由 tx 和 ty 向上和向下取整的组合(不仅是向下舍入 tx 和 ty)获得。我们可以取周围整数纹素的4种颜色,然后为小数形式的纹素计算它的线性插值颜色。这将产生明显更平滑的结果,如图14-8所示。

图14-8　一个使用插值颜色近距离渲染的纹理物体

我们将当前渲染像素周围的4个纹素称为 TL、TR、BL 和 BR(分别表示左上、右上、左下和右下)。我们取 tx 和 ty 的小数部分,称它们为 fx 和 fy。图14-9显示了由 (tx, ty) 描述的精确位置 C、周围的4个整数坐标的纹素,以及它们之间的距离。

首先,我们在 CT 处线性插值颜色,CT 位于 TL 和 TR 之间,计算过程如下所示。

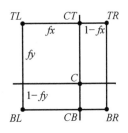

图14-9　从周围的4个纹素线性插值得到 C 处的颜色

$$CT = \left(1 - fx\right) \cdot TL + fx \cdot TR$$

请注意，*TR*的权重是*fx*，而不是$(1 - fx)$。这是因为随着*fx*变得更接近1.0，我们希望*CT*也变得更接近*TR*。事实上，如果*fx* = 0.0，则*CT* = *TL*，如果*fx* = 1.0，则*CT* = *TR*。

我们可以用类似的方式计算*BL*和*BR*之间的*CB*，计算过程如下所示。

$$CB = \left(1 - fx\right) \cdot BL + fx \cdot BR$$

最后，我们计算*C*，在*CT*和*CB*之间线性插值，计算过程如下所示。

$$C = \left(1 - fy\right) \cdot CT + fy \cdot CB$$

在伪代码中，我们可以编写一个函数来获取与分数形式的纹素*tx*和*ty*对应的插值颜色，如下所示。

```
GetTexel(texture, tx, ty) {
    fx = frac(tx)
    fy = frac(ty)
    tx = floor(tx)
    ty = floor(ty)

    TL = texture[tx][ty]
    TR = texture[tx+1][ty]
    BL = texture[tx][ty+1]
    BR = texture[tx+1][ty+1]

    CT = fx * TR + (1 - fx) * TL
    CB = fx * BR + (1 - fx) * BL

    return fy * CB + (1 - fy) * CT
}
```

该函数使用floor将数字向下取整，而frac返回数字的小数部分，可以定义为x - floor(x)。

这种技术被称为双线性滤波(bilinear filtering)，因为我们做了两次(每个维度一次)线性插值。

14.3 贴图分级细化

让我们考虑相反的情况,即从远处渲染一个物体。在这种情况下,纹理的纹素比三角形的像素要多。这也许不是一个明显的问题,所以我们要使用一个精心设计的情况来说明。

考虑一个正方形纹理,其中一半像素是黑色的,一半像素是白色的,以棋盘的形式布局,如图14-10所示。

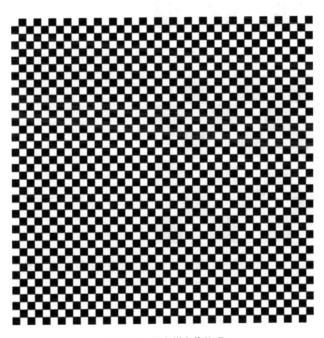

图14-10 黑白棋盘格纹理

假设我们将这个纹理映射到视口中的一个正方形上,这样当将它绘制到画布上时,我们使正方形的宽度(以像素为单位)恰好是纹理宽度(以纹素为单位)的一半。这意味着实际上只会使用1/4的纹素。

从直觉上,我们认为这个正方形看起来是灰色的。然而,考虑到我们进行纹理映射的方式,我们可能不会得到所有的白色像素,或所有的黑色像素。当然我们也有可能得到50∶50的黑白像素组合,但我们期望的50%的灰色是无法得到保证的。

图14-11显示了一种不走运的情况。

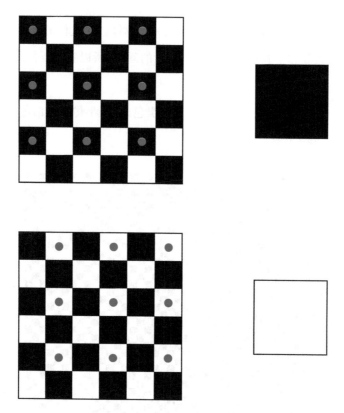

图14-11　将大纹理映射到小物体上可能会导致意想不到的结果，
这取决于碰巧选择了哪些纹素

如何解决这个问题？在某种意义上，对于上面的情况，正方形的每个像素代表纹理的2纹素×2纹素区域，因此我们可以计算该区域的平均颜色并将其用于像素。对黑白像素进行平均，就能得到我们想要的灰色。

但是，这会非常快速地增大计算资源的消耗量。假设正方形距离我们更远，这样它是纹理宽度的1/10。这意味着正方形中的每个像素代表纹理的10纹素×10纹素区域。我们必须为每个渲染的像素计算100个纹素的平均值！

幸运的是，在这种情况下，我们可以用一点儿额外的内存代替大量的计算。让我们回到最初的情况：正方形的边长是纹理宽度的一半。我们不需要为每个像素一次又一次地计算我们想要渲染的4个纹素的平均值,而是可以预先计算一个尺寸为原始尺寸一半的纹理,其中一半尺寸的纹理中的每个纹素都是原始纹理中相应4个纹素的平均值。稍后,当需要渲染像素时,我们可以在这个较小的纹理中查找纹素,甚至可以应用14.2节中描述的双线性滤波。

通过这种方式,我们获得了平均4个纹素的更好的渲染质量,但却只需要以单个纹理查找的计算成本为代价。这确实需要一些预处理时间(例如加载纹理)和更多的内存(用于存储全尺寸和半尺寸纹理),但总的来说,这是值得的。

我们上面讨论的10倍大小的场景会怎么样?我们可以进一步采用这种技术,并预先计算原始纹理的1/4、1/8和1/16大小的版本(如果我们愿意,可以降低到分辨率为1×1的纹理)。然后,在渲染三角形时,我们将使用纹理比例与三角形大小最匹配的纹理,并且可以得到与求取数百个(也可能是数千个)纹素平均值一样的所有好处,而不需要额外的运行时间成本。

这种强大的技术称为贴图分级细化(mipmapping)。这个名字来源于拉丁语multum in parvo,意思是"少中有多"。

计算所有较小尺寸的纹理确实需要用到大量内存,但它比你想象的要小得多。

假设纹理的原始面积(以纹素为单位)是 A,它的宽度是 w。半宽纹理的宽度是 $\frac{w}{2}$,但它只需要 $\frac{A}{4}$ 纹素;1/4宽度的纹理需要 $\frac{A}{16}$ 纹素,等等。图14-12显示了原始纹理和前3个简化版本。

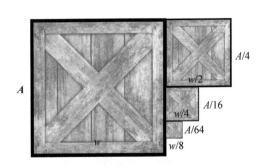

图14-12　纹理及其逐渐变小的贴图细化

我们可以将纹理大小的总和表示为一个无限级数,如下所示。

$$A + \frac{A}{4} + \frac{A}{16} + \frac{A}{64} + \cdots = \sum_{n=0}^{\infty} \frac{A}{4^n}$$

该级数收敛到 $(4/3)A$ 或 $1.3333A$,这意味着小到1纹素×1纹素的所有细化纹理仅比原始纹理多占用1/3的空间。

14.4 三线性滤波

让我们更进一步,想象一个远离相机的物体。我们使用最适合其大小的贴图细化等级(mipmap level)来渲染它。

现在想象相机朝着物体移动。在某些情况下,对于最佳贴图细化等级的选择将从某一帧到下一帧发生变化,这将导致细微但依然可以察觉的差异。

当选择一个贴图细化等级时,我们选择与纹理和正方形的相对尺寸最匹配的等级。例如,对于尺寸仅占纹理1/10的正方形,我们可能会选择尺寸仅为原始纹理1/8的贴图细化等级,并对其应用双线性滤波。然而,我们也可以考虑选择两个最接近相对尺寸的贴图细化等级(在本例中,是1/8和1/16的等级),并根据贴图细化尺寸比例和实际尺寸比例之间的"距离",在它们之间进行线性插值。

因为来自每个贴图细化等级的颜色是双线性插值的,我们在此之上又应用另一种线性插值,这种技术称为三线性滤波(trilinear filtering)。

14.5 总结

在本章中,我们的光栅化渲染器在渲染质量上有了一个巨大的飞跃。在本章之前,每个三角形都只有一种颜色,现在我们可以在它们上面绘制任意复杂的图像。

我们还讨论了不论三角形和纹理的相对大小如何,都能够确保带纹理的三角形看起来效果很好的方法。我们提出了双线性滤波、贴图分级细化和三线性滤波等解决方案来解决纹理的低质量问题。

第15章
扩展光栅化渲染器

我们将会按照结束第一部分的方式来结束本书的第二部分,下面将对我们在前几章中开发的光栅化渲染器进行一些可能的扩展。

15.1 法线映射

在第13章中,我们看到了一个物体的表面法向量如何对它的外观效果产生巨大的影响。例如,正确选择法线可以使多面体看起来平滑弯曲,这是因为正确选择法线会改变光与表面相互作用的方式,从而改变我们的大脑对物体形状的猜测方式。不幸的是,通过插值法线,除了使曲面看起来平滑弯曲外,我们还能做的并不多。

在第14章中,我们看到了如何通过在表面上"绘画"来添加虚假的细节。这种技术称为纹理映射(texture mapping),它为我们提供了对表面更细粒度的控制。然而,纹理映射不会改变三角形的形状——它们仍然是平的。

法线映射(normal mapping)结合了这两种思想。我们可以使用法线来改变光与表面相互作用的方式,从而改变表面的形状,我们可以使用属性映射将属性的不同值分配给三角形的不同部分。通过结合这两种想法,法线映射可以让我们在像素级别定义表面法线。

为此,我们将法线贴图(normal map)与每个三角形相关联。法线贴图类似纹理贴图,但其元素是法线向量而不是颜色。在渲染时,我们不是像冯氏着色那样计算内插法线,而是使用法线贴图为我们正在渲染的某个像素获取法线向量,就像纹理映射为该特定像素获取颜色一样。然后我们使用这个向量来计算像素的光照。

图15-1显示了应用纹理贴图的平面,以及在应用法线贴图时不同光线方向的效果。

(a)没有法线贴图 　　(b)法线贴图加上从左边发出的光 　(c)法线贴图加上从右边发出的光

图15-1　法线贴图在平面几何上的效果

图15-1中的3幅图都是使用带有纹理的平面正方形(两个三角形)的渲染效果,如图15-1(a)所示。当我们添加法线贴图和进行适当的逐像素着色时,我们会产生额外的几何细节的错觉。在图15-1(b)和图15-1(c)中,菱形的着色取决于入射光的方向,我们的大脑将其解释为菱形是有体积的。

有几个实际注意事项需要牢记。首先,法线贴图中向量的方位是相对于它们所应用的三角形表面的。用于此的坐标系称为切空间（tangent space），其中两个轴（通常是 x 和 z）与表面相切（嵌入），剩下的向量垂直于表面。在渲染时，将相机空间中表示的三角形的法向量根据法线贴图中的向量进行修改，得到一个最终用于光照方程的法向量。这使得法线贴图独立于场景中物体的位置和方位。

其次，一种非常流行的编码法线贴图的方法是将法线作为纹理，将 x、y 和 z 的值映射到 R、G 和 B 值。这使法线贴图具有非常典型的紫色外观，因为紫色是红色和蓝色（没有绿色）的组合，它用于对表面的平坦区域进行编码。图 15-2 显示了图 15-1 示例中使用的法线贴图。

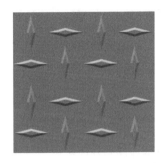

图 15-2　用于图 15-1 示例的法线贴图，编码为 RGB 纹理法线

虽然这种技术可以极大地提高场景中表面的感知复杂性，但它也不是没有限制的。例如，由于使用法线映射的平面依然保持着平面的特征，它不能改变物体的轮廓。出于同样的原因，当从一个极端的角度或近距离观察法线映射的表面时，或者法线贴图所表现的特征所占用的尺寸大小，明显与物体表面的尺寸大小不一致时，这种法线贴图所营造出的视觉错觉就会消失。这种技术更适合细微的细节，比如皮肤上的毛孔、粉刷墙壁上的图案，或者橘子皮不规则的外观。因此，这种技术也被称为凹凸映射（bump mapping）。

15.2　环境映射

我们开发的光线追踪渲染器最显著的特点之一是能够显示物体之间的反射。我们也可以在光栅化渲染器中创建一个相对令人信服但有点儿虚假的反射实现。

想象一下，我们有一个代表房子中房间的场景，我们想要渲染放置在房间中间的反射物体。对于表示该物体表面的每个像素，我们知道它所表示的点的 3D 坐标、表面法线，并且由于我们知道相机的位置，我们还可以计算到该点的视线向量。我们可以根据表面法线反射视线向量来获得反射向量，就像我们在第 4 章中做的那样。

此时，我们想知道来自反射向量方向的光的颜色。如果这是一个光线追踪渲染器，我们只需沿着那个方向追踪射线并找出答案。但是，这不是光线追踪渲染器。我们该怎么办？

环境映射（environment mapping）为这个问题提供了一个可能的答案。假设在渲染房间内的物体之前，我们将一个相机放在它的中间并渲染场景6次——每个垂直方向（上、下、左、右、前、后）一次。你可以想象相机在一个假想的立方体中，立方体的每一面都是其中一个渲染的视口。我们将这6个渲染结果保存为纹理。我们称这6个纹理的集合为立方体贴图（cube map），这就是为什么这种技术也被称为立方体映射（cube mapping）[1]。

然后我们渲染反射物体。当我们需要反射颜色时，我们可以使用反射向量的方向来选择立方体贴图的其中一个纹理，然后使用该纹理的纹素来获得在该方向上看到的颜色的近似值——无须追踪任何射线！

这种技术有一些缺点，如立方体贴图从单个点捕捉场景的外观。如果我们渲染的反射物体不在那个点，反射物体的位置就不会完全符合我们的预期，所以很明显这只是一个近似值。如果反射物体在房间内移动，这一缺点会特别明显，因为反射场景不会随着物体移动而改变。

如果"房间"足够大并且离物体足够远（如果物体的运动相对于房间的大小来说可忽略），那么真正的反射和预渲染的环境贴图之间的差异可能会被忽视。但这种技术对于表示深空中具有反射性的宇宙飞船的场景非常有效，因为"房间"（遥远的恒星和星系）对于所有实际目标渲染物体来说都是无限远的。

还有一个缺点是，我们不得不将场景中的物体分成两类：属于"房间"一部分的静态物体（可以在反射渲染效果中看到），以及具有反射性的动态物体。在某些情况下，这种分类可能很清楚（墙壁和家具是房间的一部分，而人不是），即便如此，动态物体也不会表现在其他动态物体的反射效果中。

1　立方体贴图是环境贴图的一种常见形式，还有一种常见形式是球面贴图（sphere map），其对应的映射被称为球面映射（sphere mapping）。——译者注

值得一提的最后一个缺点与立方体贴图的分辨率有关。虽然在光线追踪渲染器中，我们可以追踪非常精确的反射，但是在立方体映射的情况下，我们需要在精度（高分辨率的立方体贴图纹理产生更清晰的反射）和内存消耗（高分辨率的立方体贴图纹理需要更多的内存）之间做出权衡。在实践中，这意味着环境贴图不会产生与真实光线追踪反射一样清晰的反射，尤其是在近距离观察反射物体时。

15.3　阴影

我们开发的光线追踪渲染器具有几何上正确、定义非常明确的阴影。这些是对核心算法的非常自然的扩展。光栅化渲染器的架构使得实现阴影稍微复杂一些，但并非不可能。

我们先把要解决的问题形式化。为了正确地渲染阴影，每次我们为像素和光源计算光照方程时，我们都需要知道像素是否真的被光源照亮，或者它是否处于物体相对于该光源的阴影中。

使用光线追踪渲染器，我们可以通过追踪从物体表面到光源的射线来回答这个问题。在光栅化渲染器中，我们没有这样的工具，所以我们必须采取不同的方法。下面我们来探索两种不同的实现方法。

15.3.1　模板阴影

模板阴影（stencil shadow）是一种用非常清晰的边缘来渲染阴影的技术（想象一下在阳光明媚的日子里物体投射的阴影）。这些通常被称为硬阴影（hard shadow）。

我们的光栅化渲染器在唯一一个渲染通道（pass）中渲染场景，它遍历场景中的每个三角形并将其渲染在画布上，每次计算完整的光照方程（基于每个三角形、每个顶点或每个像素，取决于着色算法）。在此过程结束时，画布就有了场景的最终渲染效果。

我们将首先修改光栅化渲染器，从而可以在多个渲染通道中渲染场景，场景中的每个光源（包括环境光）各使用一个渲染通道。和以前一样，每个渲染通道都会遍历每个三角形，但它在计算光照方程时只考虑与此通道相关的光源。

　　这为我们提供了一组分别由每个光源照亮的场景的图像。我们可以将它们组合在一起,也就是说,逐个像素地对它们求和,为我们提供场景的最终渲染。这个最终图像与单通道版本产生的图像完全相同。图15-3显示了我们参考场景的3个光源渲染通道的结果和最终的合成结果。

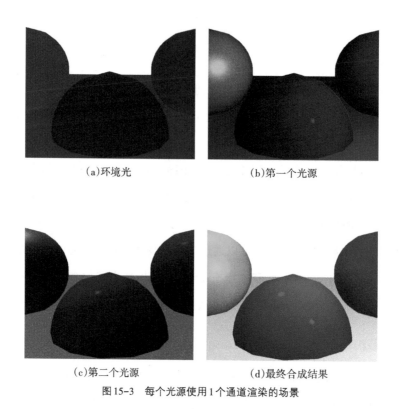

(a)环境光　　　　　　　　　　(b)第一个光源

(c)第二个光源　　　　　　　　　(d)最终合成结果

图15-3　每个光源使用1个通道渲染的场景

　　这样我们就可以将"渲染具有多个光源阴影的场景"的目标简化为"多次渲染具有单个光源阴影的场景"。现在我们需要找到一种方法来渲染由单个光源照亮的场景,同时让该光源阴影中的像素完全为黑色。

　　为此,我们引入了模板缓冲(stencil buffer)。与深度缓冲一样,它与画布具有相同的尺寸,但其元素是整数。我们可以将其用作渲染运算的模板,例如,仅当模板缓冲区中所保存的相应的值为0时,才修改我们的渲染代码从而在画布上绘制像素。

如果我们可以设置模板缓冲,使被照亮的像素所对应的模板缓冲区的值为0,而阴影中的像素所对应的模板缓冲区的值为非零值,我们就可以使用它来仅绘制被照亮的像素。

1. 创建阴影体

要设置模板缓冲区,我们使用一种称为阴影体(shadow volume)的东西。阴影体是一个3D多边形,它把处于光源阴影的这部分场景空间包围起来。

我们为每个可能在场景中投射阴影的物体构建一个阴影体。首先,我们确定哪些边缘是物体轮廓的一部分,这些边缘指的是正面三角形和背面三角形之间的边。我们可以使用点积对三角形进行分类,就像我们在第12章对背面剔除技术所做的那样。然后,对于每一条边,我们将它们沿着光的方向"挤出",一直延伸到无穷远。或者,实际上,延伸到场景之外的一个非常远的距离。

这给了我们阴影体的"侧面"。阴影体的"正面"是由物体自身的正面三角形构成的,而阴影体的"背面"可以通过创建一个多边形来计算,该多边形的边是被挤压边的"远"边。

图15-4显示了立方体以上述方式相对于点光源创建的阴影体。

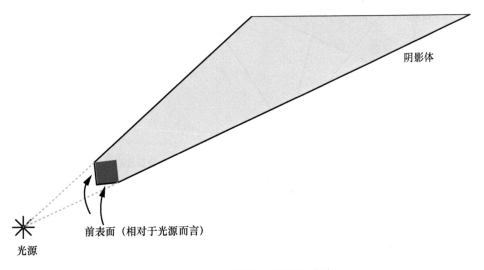

图15-4 立方体相对于点光源的阴影体

接下来,我们将看到如何使用阴影体来确定画布中的哪些像素相对于光源而言处于阴影中。

2. 阴影体-射线交点计数

想象一条射线从相机处出发进入场景,直到它碰到一个物体表面。在这个过程中,它可能会多次进入并离开阴影体。

我们可以用一个从0开始计数的计数器来跟踪射线进出的次数。射线进入阴影体时,我们就增加计数器的值。射线离开阴影体,我们就减少计数器的值。当射线碰到一个表面时,我们就停下来看一下计数器的值。如果计数值是0,意味着射线进入阴影体和离开阴影体的次数一样多,所以这个点必须被光源照亮;如果它不为0,就意味着射线至少在一个阴影体中,所以这个点一定在阴影中。图15-5展示了一些示例。

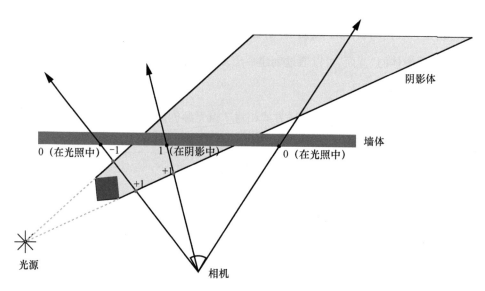

图15-5　计算射线和阴影体之间的交点,这可以告诉我们
沿着射线的一个点是被照亮还是在阴影中

然而,上述讨论只在相机本身不在阴影体内部的情况下才有效!如果射线从阴影体内部开始,并且在到达其表面之前没有离开,我们的算法就会错误地得出物体表面上该点被照亮的结论。

我们可以检查这种情况并相应地调整计数器,但计算一个点处于多少个阴影体内部是一项耗时的操作。幸运的是,有一种更简单、成本更低的方法可以打破这种限制,尽管这种方法有些违背直觉。

射线是无限的,但阴影体不是。这意味着射线总是在阴影体之外开始和结束。这还意味着射线进入阴影体的次数总是与离开它的次数一样多,跟踪射线的计数器的值必须始终为0。

假设我们在射线到达表面后开始跟踪射线和阴影体之间的交点。如果计数器的值为0,那么在射线到达表面之前,该计数器的值也必须为0。如果计数器有一个非零值,那么计数器必须在物体的另一侧有相反的值。

这意味着在射线到达表面之前计算射线和阴影体之间交点的数量就相当于在射线到达表面之后计算交点的数量,但在这种情况下,我们不必担心相机的位置!图15-6显示了这种技术如何始终产生正确的结果。

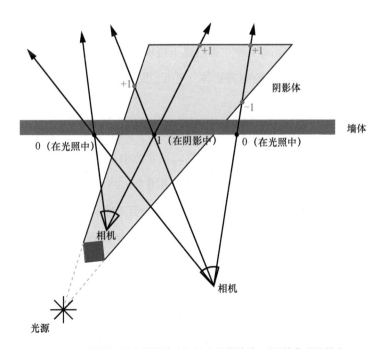

图15-6　无论相机是在阴影体内还是在阴影体外,对于接收光照的点,
计数器的值为0,对于阴影中的点,计数器的值为非0

3. 设置模板缓冲区

我们使用的是光栅化渲染器,而不是光线追踪渲染器,所以我们需要找到一种方法来记录这些计数器,而不需要实际计算射线和阴影体之间的任何交点。我们可以通过模板缓冲区来实现这一点。

首先,我们将场景渲染为仅由环境光照亮。环境光不会投射阴影,因此我们可以在不更改光栅化渲染器的情况下执行此操作。这为我们提供了最终渲染所需的图像,但它也为我们提供了从相机看到的场景的深度信息(包含在深度缓冲区中)。我们需要为后续步骤保留这个深度缓冲区。

接下来,对于每个光源,我们遵循以下步骤。

(1)将阴影体的背面"渲染"到模板缓冲区,当像素没有通过深度缓冲区测试时,递增其值。这会计算射线在到达最近的表面之后离开阴影体的次数。

(2)将阴影体的正面"渲染"到模板缓冲区,当像素没有通过深度缓冲区测试时,递减其值。这会计算射线在到达最近的表面之后进入阴影体的次数。

请注意,在"渲染"步骤中,我们只对修改模板缓冲区感兴趣,无须将像素写入画布,因此也无须计算光照或纹理。我们也不将像素写入深度缓冲区,因为阴影体的侧面实际上并不是场景中的物理物体。相反,我们使用在环境光光照通道内计算的深度缓冲区。

执行此操作后,对于被照亮的像素,模板缓冲区具有零值,对于处于阴影中的像素,则模板缓冲区具有非零值。因此,我们正常渲染场景,由与此通道对应的单个光源照亮,仅在模板缓冲区值为0的像素上调用 `PutPixel`。

对每个光源重复这个过程,我们最终会得到一组图像,它们对应于每个光源照亮的场景,并会正确地考虑阴影。最后一步是将所有图像逐个像素地合成为最终渲染的场景。

使用模板缓冲区来渲染阴影的想法可以追溯到20世纪90年代初期,但最初的实现有几个缺点。基于深度检测的算法变体在1999年~2000年多次被独立发现,其中最著名的是约翰·卡马克在开发《毁灭战士3》时发现的,这就是该变体也被称为卡马克反转(Carmack's reverse)的原因。

15.3.2 阴影映射

在光栅化渲染器中渲染阴影的另一种众所周知的技术称为阴影映射（shadow mapping）。这使得阴影的边缘不那么清晰（想象物体在阴天投射的阴影）。这些通常被称为软阴影（soft shadow）。

重申一下，我们要回答的问题是，给定表面上的一个点和一个光源，该点是否会受到该光源的光照？这相当于判断光源和点之间是否有物体。

使用光线追踪渲染器，我们追踪了从点到光源的射线。从某种意义上说，我们是在问这个点是否可以"看到"光源，或者等价地，光源是否可以"看到"这个点。

这就引出了阴影映射的核心思想。我们从光源的角度渲染场景，保留深度缓冲区。与我们前文描述的创建环境贴图的方式类似，我们将场景渲染6次，最终得到6个深度缓冲区。这些深度缓冲区，我们称之为阴影贴图（shadow map），让我们可以确定光源在任何给定方向上可以"看到"的最近表面的距离。

对于方向光来说，情况稍微复杂一些，因为它们没有可渲染的位置。相反，我们需要从一个方向渲染场景。这需要使用正交投影（orthographic projection）而不是我们通常的透视投影（perspective projection）。使用透视投影和点光源，每条射线都从一个点开始；使用正交投影和方向光，每条射线彼此平行，共享相同的方向。

当我们想确定一个点是否在阴影中时，我们可以计算从光源到该点的距离和方向。我们使用该方向在阴影贴图中查找相应项。如果从阴影贴图中得到的深度值小于该点到光源的距离，则表示有一个表面比我们照亮的点更靠近光源，因此该点在该表面的阴影中。否则，光源可以"看到"不受阻碍的点，因此该点被光源照亮。

请注意，阴影贴图的分辨率有限，通常低于画布的。根据点和光源的距离和相对方向，阴影贴图分辨率低的问题可能会导致阴影看起来像块状。为了避免这种情况出现，我们也可以对当前采样点周围的深度进行采样，并确定该点是否位于阴影的边缘（可以通过周围的深度不连续性证明）。如果是这种情况，我们可以使用一种类似于双线性滤波的技术，就像我们在第14章中做的那样，得到一个介于0.0

和1.0之间的值,表示这个点在光源下的可见程度,然后将其乘光源的光照度,这使得阴影映射所创建的阴影具有其特有的模糊外观。其他避免块状外观的方法包括用不同的方法对阴影贴图进行采样,例如,可以查看百分比渐进过滤(percentage closer filtering)的相关内容。

15.4 总结

与第5章一样,本章简要介绍了一些你可以自己探索的技术。这些技术可用于扩展在前几章中开发的光栅化渲染器,使其功能更接近光线追踪渲染器的功能,同时保持其速度优势。在整个渲染过程中,我们总是需要在不准确的渲染效果和增加内存消耗之间做权衡,这些权衡往往取决于我们所采用的算法。

编后记

恭喜你！现在你应该已经很好地理解了3D渲染是如何工作的。你应该已经能创建光线追踪渲染器和光栅化渲染器，并且对驱动它们的算法和数学知识有了很好的概念性理解。

然而，正如我在前言中解释的那样，不可能在一本书中涵盖整个3D渲染的内容。以下是你可以自己探索以扩大视野的一些主题。

全局光照（global illumination），包括辐射度（radiosity）和路径追踪（path tracing） 环境光这一领域值得深入研究。

基于物理的渲染（physically based rendering，PBR） 光照和着色模型不仅可以做到看起来效果很好，而且能模拟现实生活中的物理现象。

体素渲染（voxel rendering） 想想《我的世界》，或者医院里的核磁共振扫描。

细节层次（level of detail，LoD）算法 这包括离线和动态网格简化、置换物技术和公告板技术。细节层次算法支撑了有效地渲染拥有数十亿植物的森林模型、有数百万人的人群模型或极其详细的3D模型等。

加速结构（acceleration structures） 这包括二叉空间分区树、k维树、四叉树和八叉树。这些结构有助于高效地渲染大型场景,比如整个城市。

地形渲染(terrain rendering) 可探索如何高效地渲染一个地形模型,这个地形模型可能和一个国家一样大,但却包含房屋这样的细节。

大气效应和粒子系统(atmospheric effects and particle systems) 该系统包括雾、雨和烟,还有一些不太直观的材质,比如草和头发。

基于图像的光照(image-based lighting,IBL) 类似于环境映射,但用于漫反射光照。

高动态范围(high dynamic range,HDR)、**伽马校正**(gamma correction) 色彩表征这一领域也值得深入研究。

光的焦散(caustics) 也就是"游泳池底部移动的白色图案"。

纹理和模型的程序生成(procedural generation of textures and models) 可增加更多的变化和可能无限大的场景。

硬件加速(hardware acceleration) 使用 OpenGL、Vulkan、DirectX 等在 GPU 上运行图形算法。

当然,还有许多其他的主题,以上只涉及 3D 渲染!计算机图形学是一个主题范围更为广泛的学科。以下是一些你可能想要调查和研究的领域。

字体渲染(font rendering) 这比你想象的要复杂得多。

图像压缩(image compression) 可探索如何用最小的空间存储图像。

图像处理(image processing)(如变换和滤波) 想想 Instagram 滤波器。

图像识别(image recognition) 图中对象是狗还是猫?

曲线渲染(curve rendering),**包括贝塞尔曲线和样条曲线** 找出你最喜欢的绘图程序的曲线上那些奇怪的箭头到底是什么!

计算摄影(computational photography) 探索你手机上的相机是如何在几乎没有光线的情况下拍出这么好的照片的?

图像分割(image segmentation) 在你可以在视频通话中将背景模糊处理之前,你需要确定哪些像素是背景,哪些不是。

再次祝贺你迈出进入计算机图形学世界的第一步。现在你可以选择下一步去哪里!

附录
线性代数

本附录可用作线性代数的备忘录,主要从3个角度阐述:数学概念、概念的性质以及概念的用途。如果你对这一切背后的理论感兴趣,你可以选择任何线性代数入门教科书进一步了解。

本附录的重点完全放在2D和3D代数上,因为这是本书所要求的。

1. 点

点(point)代表坐标系中的一个位置。

我们用圆括号中的数字序列表示一个点,例如(4,3)。我们用大写字母表示点,如P或Q。

点序列中的每个数字称为坐标(coordinate)。坐标的数量是点的维度(dimension)。具有两个坐标的点称为2D点。

数字的顺序很重要,$(4,3)$与$(3,4)$不同。按照惯例,坐标在2D平面中称为x和y,在3D空间中称为x、y和z;所以点$(4,3)$的x坐标为4,y坐标为3。图A-1显示了一个坐标为$(4,3)$的2D点P。

我们也可以使用下标来引用点的特定坐标,比如P_x或P_y,所以点P也可以写成(P_x, P_y)。

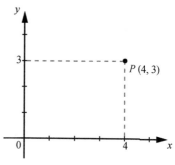

图A-1 2D点P的坐标为$(4,3)$

2. 向量

向量表示两点之间的差异。直观地,把一个向量想象成连接一个点和另一个点的箭头,或者将其视为从一个点到另一个点的指示。

(1) 表示向量

我们将向量表示为圆括号中的一组数字,并使用大写字母引用它们。这和点的表示法是一样的,所以我们使用黑斜体或者在上面加上一个小箭头来标记它们是向量而不是点。例如,$(2,1)$是一个向量,我们可以将其称为A或$\vec{A}$。图A-2显示了两个相等的向量A和B。

尽管向量与点表示相同,但向量不表示位置,毕竟,向量是两个位置之间的差(difference)。

当你有两个如图A-2所示的向量时,你必须决定在哪里绘制向量。向量A和B是相等的,因为它们代表相同的位移。

另外,点$(2,1)$和向量$(2,1)$是不相关的。当然,向量$(2,1)$表示从$(0,0)$到$(2,1)$,但它表示从$(5,5)$到$(7,6)$也同样成立。

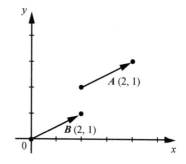

图A-2 向量A和B是相等的。向量没有位置

向量的特征在于它的方向(它指向的角度)和它的大小(它有多长)。

方向可以进一步分解为方位(向量所在的直线的斜率)和指向(向量沿着这条直线指向可能的两条路径中的哪一条)。指向为右的向量和指向为左的向量都具有相同的水平方位,但它们所表示的意义是相反的。然而,这里我们不对指向和方位这两个概念做明确的区分。

(2) 向量的模

我们可以从向量的坐标计算出它的模。向量的模也称为向量的长度或范数。它通过将向量放在垂直线段之间来表示,如$|V|$,计算方法如下。

$$|V| = \sqrt{V_x^2 + V_y^2 + V_z^2}$$

模等于1.0的向量称为单位向量(unit vector)。

3. 点运算和向量运算

既然我们已经定义了点和向量,让我们来看看我们可以用它们做什么。

(1) 点的减法

向量是两点之间的差。换句话说,可以将两个点相减,从而得到一个向量,如下所示。

$$V = P - Q$$

在这种情况下,可以将V想象为从Q"走"到P,如图A-3所示。

从代数的角度看,我们可以分别对每个坐标做减法,如下所示。

$$(V_x, V_y, V_z) = (P_x, P_y, P_z) - (Q_x, Q_y, Q_z)$$
$$= (P_x - Q_x, P_y - Q_y, P_z - Q_z)$$

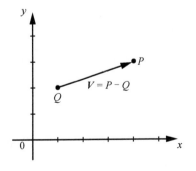

图A-3　向量V是P和Q之间的差

（2）点和向量的加法

我们可以以不同的坐标，把上面的减法方程重写，如下所示。

$$V_x = P_x - Q_x$$
$$V_y = P_y - Q_y$$
$$V_z = P_z - Q_z$$

这些只是一般表达式，因此对于数字的所有通用计算规则都适用。这意味着我们可以像下面这样做。

$$Q_x + V_x = P_x$$
$$Q_y + V_y = P_y$$
$$Q_z + V_z = P_z$$

并且可以再次把坐标组合起来。

$$Q + V = P$$

换句话说，我们可以将一个点与一个向量相加并获得一个新的点。这具有直观的几何效果：给定一个起始位置（一个点）和一个位移（一个向量），你最终会获得一个新的位置（另一个点），如图 A-4 所示。

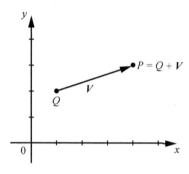

图 A-4 将 V 与 Q 相加得到 P

（3）向量加法

我们可以把两个向量相加。几何上，想象一个向量"接"到另一个向量后面，如图 A-5 所示。

如你所见，向量加法是可交换的，也就是说，操作数的顺序无关紧要。从图中我们可以看到 $V + W = W + V$。

代数上，可以将坐标单独相加，如下所示。

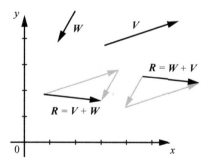

图 A-5 两个向量相加。加法是可交换的。请记住，向量没有位置

$$V + W = (V_x, V_y, V_z) + (W_x, W_y, W_z) = (V_x + W_x, V_y + W_y, V_z + W_z)$$

（4）向量和数的乘法

你可以将一个向量与一个数字相乘，这称为标量乘法。这会使向量变短或变长，如图 A-6 所示。

如果数字是负数，向量将指向相反的方向；这意味着它改变了它的指向（sense），从而改变了它的方向（direction）。但是向量与一个数相乘永远不会改变它的方位（orientation），也就是说，它会与原向量保持平行在同一条线上。

代数上，可以将坐标分别相乘，如下所示。

$$k \cdot V = k \cdot (V_x, V_y, V_z) = (k \cdot V_x, k \cdot V_y, k \cdot V_z)$$

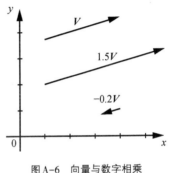

图 A-6　向量与数字相乘

你也可以用一个向量除以一个数字。就像数字一样，除以 k 等于乘 $\frac{1}{k}$。注意，除以 0 是不行的。

向量乘法和除法的其中一个应用是对向量进行归一化，即把它转换成单位向量。也就是将向量的大小改变为 1.0，但不会改变它的其他属性。要做到这一点，我们只需要将向量除以它的模，如下所示。

$$V_{\text{normalized}} = \frac{V}{|V|}$$

（5）向量乘法

你可以用一个向量乘另一个向量。有趣的是，有很多方法可以定义这样的操作。我们将关注两种对我们有用的乘积：点积（dot product）和叉积（cross product）。

① 点积

两个向量之间的点积（也称为内积）可以得到一个数字。它使用点运算符表示，如 $V \cdot W$。

在代数上，我们需要将坐标单独相乘并将它们相加，如下所示。

$$V \cdot W = (V_x, V_y, V_z) \cdot (W_x, W_y, W_z) = V_x \cdot W_x + V_y \cdot W_y + V_z \cdot W_z$$

在几何上，V 和 W 的点积与它们的长度和它们之间的夹角 α 有关。确切的公式巧妙地将线性代数和三角函数联系在一起，如下所示。

$$V \cdot W = |V| \cdot |W| \cdot \cos(\alpha)$$

这些公式都可以帮助我们看到点积是符合交换律的，即 $V \cdot W = W \cdot V$，并且它相对于标量乘法是符合分配率的，即 $k(V \cdot W) = (kV) \cdot W$。

上述使用三角函数计算点积的公式的一个有趣的结果是，如果 V 和 W 互相垂直，那么 $\cos(\alpha) = 0$，因此 $V \cdot W$ 也为 0。如果 V 和 W 是单位向量，那么 $V \cdot W$ 始终在 -1.0 和 1.0 之间，1.0 表示它们相等，-1.0 表示它们方向相反。

该公式也表明点积可以用来计算两个向量之间的夹角，如下所示。

$$\alpha = \cos^{-1}\left(\frac{V \cdot W}{|V||W|}\right)$$

注意，向量与自身的点积，$V \cdot V$，简化为其长度的平方，如下所示。

$$V \cdot V = V_x^2 + V_y^2 + V_z^2 = |V|^2$$

这提出了另一种计算向量长度的方法，即向量与自身点积的平方根，如下所示。

$$|V| = \sqrt{V \cdot V}$$

② 叉积

两个向量之间的叉积可以得到另一个向量。它使用叉乘号×，如 $V \times W$。

两个向量的叉积是一个垂直于这两个向量的向量。在本书中，我们只使用3D向量的叉积，如图 A-7 所示。

叉积的计算比点积的计算要复杂一些。如果 $R = V \times W$，则计算过程如下所示。

$$R_x = V_y W_z - V_z W_y$$
$$R_y = V_z W_x - V_x W_z$$
$$R_z = V_x W_y - V_y W_x$$

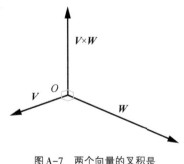

图 A-7 两个向量的叉积是垂直于它们的向量

叉积不符合交换律。具体来说，$V \times W = -(W \times V)$。

我们经常使用叉积来计算表面的法向量——垂直于表面的单位向量。为此，我们在表面上取两个向量，计算它们的叉积，并对结果进行归一化。

4. 矩阵

矩阵（matrix）是由数字组成的矩形数组[1]。出于本书的目的，矩阵表示可应用于点或向量的变换，我们用大写字母表示矩阵，例如 M。这与我们表示点的方式相同，但通过上下文的内容，我们可以判断出讨论的是矩阵还是点。

矩阵的特征是它的行和列的大小。例如，以下是一个3×4矩阵。

$$\begin{pmatrix} 1 & 2 & 3 & 4 \\ -3 & -6 & 9 & 12 \\ 0 & 0 & 1 & 1 \end{pmatrix}$$

5. 矩阵运算

让我们看看可以用矩阵和向量做什么。

（1）矩阵加法

我们可以把两个矩阵相加，只要它们有相同的大小。加法是逐个元素相加完成的，如下所示。

$$\begin{pmatrix} a & b & c \\ d & e & f \\ g & h & i \end{pmatrix} + \begin{pmatrix} j & k & l \\ m & n & o \\ p & q & r \end{pmatrix} = \begin{pmatrix} a+j & b+k & c+l \\ d+m & e+n & f+o \\ g+p & h+q & i+r \end{pmatrix}$$

（2）矩阵和数的乘法

我们可以用一个矩阵乘一个数字。只要把矩阵的每个元素乘这个数字即可，

1　这里是通用解释，没有严格使用数学定义。——译者注

如下所示。

$$n \cdot \begin{pmatrix} a & b & c \\ d & e & f \\ g & h & i \end{pmatrix} = \begin{pmatrix} na & nb & nc \\ nd & ne & nf \\ ng & nh & ni \end{pmatrix}$$

（3）矩阵乘法

我们可以将两个矩阵相乘，只要它们的大小是兼容的，即第一个矩阵的列数必须与第二个矩阵的行数相同。例如，我们可以用一个2×3矩阵乘一个3×4矩阵，但不能反过来！与矩阵和数的乘法不同，矩阵乘法的顺序很重要，即使是两个可以按任一顺序相乘的方阵，它们相乘的顺序也不能反过来。

两个矩阵相乘的结果是另一个矩阵，它的行数与左边的矩阵相同，列数与右边的矩阵相同。继续前文所述的例子，一个2×3矩阵乘一个3×4矩阵的结果是一个2×4矩阵。

让我们看看如何将两个矩阵A和B相乘，这两个矩阵如下所示。

$$A = \begin{pmatrix} a & b & c \\ d & e & f \end{pmatrix}$$

$$B = \begin{pmatrix} g & h & i & j \\ k & l & m & n \\ o & p & q & r \end{pmatrix}$$

为了更清楚地表现，我们把A和B中的值分组成向量：把A写成行（水平）向量的形式，把B写成列（垂直）向量的形式。例如，A的第一行是向量(a, b, c)，B的第二列是向量$(h, l, p)^{\mathrm{T}}$，如下所示。

$$A = \begin{pmatrix} (a, b, c) \\ (d, e, f) \end{pmatrix}$$

$$B = \begin{pmatrix} \begin{pmatrix} g \\ k \\ o \end{pmatrix} & \begin{pmatrix} h \\ l \\ p \end{pmatrix} & \begin{pmatrix} i \\ m \\ q \end{pmatrix} & \begin{pmatrix} j \\ n \\ r \end{pmatrix} \end{pmatrix}$$

然后给这些向量命名，如下所示。

$$A = \begin{pmatrix} -A_0 - \\ -A_1 - \end{pmatrix}$$

$$B = \begin{pmatrix} | & | & | & | \\ B_0 & B_1 & B_2 & B_3 \\ | & | & | & | \end{pmatrix}$$

我们知道 A 是 2×3 矩阵，B 是 3×4 矩阵，所以我们知道结果将是一个 2×4 矩阵，如下所示。

$$\begin{pmatrix} -A_0 - \\ -A_1 - \end{pmatrix} \cdot \begin{pmatrix} | & | & | & | \\ B_0 & B_1 & B_2 & B_3 \\ | & | & | & | \end{pmatrix} = \begin{pmatrix} c_{00} & c_{01} & c_{02} & c_{03} \\ c_{10} & c_{11} & c_{12} & c_{13} \end{pmatrix}$$

现在我们可以用一个简单的公式来表示得到的矩阵的元素：结果的 r 行 c 列元素的值 c_{rc} 等于 A 中相应的行向量 A_r 和 B 中相应的列向量 B_c 的点积，计算过程如下所示。

$$\begin{pmatrix} -A_0 - \\ -A_1 - \end{pmatrix} \cdot \begin{pmatrix} | & | & | & | \\ B_0 & B_1 & B_2 & B_3 \\ | & | & | & | \end{pmatrix} = \begin{pmatrix} A_0 \cdot B_0 & A_0 \cdot B_1 & A_0 \cdot B_2 & A_0 \cdot B_3 \\ A_1 \cdot B_0 & A_1 \cdot B_1 & A_1 \cdot B_2 & A_1 \cdot B_3 \end{pmatrix}$$

例如 $c_{01} = A_0 \cdot B_1$，它展开为 $ah + bl + cp$。

（4）矩阵和向量的乘法

我们可以将 n 维向量视为 $n \times 1$ 垂直矩阵或 $1 \times n$ 水平矩阵，并且可以按照兼容矩阵乘法一样的方式相乘。例如，下面是将一个 2×3 矩阵和一个 3D 向量相乘的计算过程。

$$\begin{pmatrix} a & b & c \\ d & e & f \end{pmatrix} \cdot \begin{pmatrix} x \\ y \\ z \end{pmatrix} = \begin{pmatrix} ax + by + cz \\ dx + ey + fz \end{pmatrix}$$

由于矩阵和向量（或向量和矩阵）相乘的结果也是一个向量，在我们的例子中，矩阵表示变换，我们可以说矩阵对向量进行了变换。